GW00482790

MARIE-FRANCE NOËL
and VICKY DAVIES

Hodder & Stoughton
A MEMBER OF THE HODDER HEADLINE GROUP

ACKNOWLEDGEMENTS

The authors and publishers would like to thank the following for permission to reproduce material:

Hôtel Royal Riviera, Saint-Jean-Cap Ferrat p13; Le Comité de Promotion des Produits Régionaux Valparc p17; Restaurant Le Crêt L'agneau, Montbenoit p22; Boutiques La Boîte à Pâtes, Vallauris p23; Restaurant L'Épuisette, Marseille p24; Le Comité Loisirs-Accueil, le Lot p24; Euro Provence Diffusion for Les Marseillotes, Marseille p25; La Fédération Nationale des Logis de France p45 & 146; Hôtel-Restaurant Jeanne d'Arc, Saint-Chély-d'Apcher p46; Le Comité Régional du Tourisme d'Auvergne p48; Hôtel Broel Kortrijk, Belgique p53; Restaurant Hanrahans for their Cocktail List and Express Snacks Menu p77 & p92; Restaurant Ma Bicoque p78; Restaurant L'Écu de France p78, Restaurant L'Eau à la Bouche p78; Restaurant Les Trois Pommes d'Orange, Tournai p79; Restaurant Le Valaisan, Tournai p79; Restaurant Le Piazza, Tournai p79; Restaurant À La Détente, San Gette Bleriot Plage p80; Restaurant Le Saint Charles, Calais p81; Restaurant Au Coq d'Or, Calais p81; Union vinicole, négociant, Châteauneuf-du-Pape for their label 'Fleur de Lys' Côtes-du-Rhône p100; Moillard, négociant, Nuits-St-Georges for their label 'Chenas Les Mélardières' p101; Eurl négociant for their label 'Chais Baumière Syrah', Servian p101; S.A. Château Fombrauge for their label 'Château Maurens' p102; François Dulac for his label 'Cabernet Sauvignon' p102; Château l'Angélus, Saint Emilion p105; Union Interprofessionnelle du Vin de Cahors p106; Château Fortia propriété du Baron Le Roy de Boiseaumarie, Châteauneuf du Pape p106; Château Bernateau propriétaire, Saint-Etienne-de-Lisse p107; Cave cooperative de Corconne SCA 'La Gravette', Corconne p112; Château La Colonne, Lalande Pomerol p112; Domaine Maldant, Chorey-les-beaune p113; Château de Juliénas, Juliénas p113; Domaine d'Alzipratu AOC Corse Calvi, Zilia p113; Château de Remaisnil, Doullens p122; Oakwood House, Maidstone p123–130, p135, p146; Domaine des Hautes Fagnes, Ovifat-Robertuille, Belgique p131 & 138; Comité Départemental du Tourisme de Touraine p137, p153 & 154; La Fédération Nationale de l'Industrie Hôtelière p149; Le Grand Hôtel Le Touquet, Le Touquet p156; Hôtel IBIS, Calais p156; Roger Dupont Restauration, Carvin p156.

The authors and publishers are grateful to the following for permission to reproduce photographs: Office du Tourisme de Marseille/JBouthillier, F Millo/CIVP, Provence Prestige, Ville de Cassis, CDT Bouches du Rhône, p19; Cephas/Top/H. Bruhat, p56; Anthony Blake/Anthony Blake Photo Library, p68.

Please note that prices given in this book are mainly from 1994/95 and are subject to change.

We would like to express our thanks to Paul Noel for his help in the computer-assisted artwork.

Every effort has been made to trace and acknowledge ownership of copyright. The publishers will be glad to make suitable arrangements with any copyright holders whom it has not been possible to contact.

British Library Cataloguing in Publication Data

Noël, Marie-France
  French for Hospitality and Catering Studies
  1. French language – Business French 2. French language –
  Textbooks for foreign speakers – English
  I. Title II. Davies, Vicky
  448'.002464

ISBN 0 340 658274

First published 1996
Impression number   10 9 8 7 6 5 4 3 2 1
Year   2000 1999 1998 1997 1996

Typeset by Wearset, Boldon, Tyne and Wear.
Printed in Great Britain for Hodder & Stoughton Educational, a division of Hodder Headline Plc, 338 Euston Road, London NW1 3BH by The Bath Press

CONTENTS

INTRODUCTION AND GUIDELINES FOR USE

This course is aimed at trainees who have previously acquired a basic knowledge of French (to National Curriculum Key Stage 4). It does not therefore cover fundamental language acquisition and prior language study is recommended. In case of difficulty and if a foundation course is required, reference to any good beginner's course is suggested.

Format

- The book is divided into **eight units**. Each unit covers some aspects of the technical skills from the GNVQ Advanced Hospitality and Catering programme.

- The course is entirely **assignment-based**. Each assignment is divided into a variable number (3 to 5) of specific tasks (*Tâches*), enabling trainees to cover all performance criteria in order to achieve NVQ Level 2 in French in listening and speaking after completing the course.

- Trainees will have to complete all the **tasks** from all the units to obtain a full qualification (total 32). However, as each unit is based on sectoral needs rather than language skills, it does not matter in which order the units are addressed.

- All the material necessary to complete the **tasks** is provided as it cannot be assumed that trainees will have access to suitable language material. However, in order to encourage independence in all trainees, including those with a wider range of experience within the industry, individual interpretation of the tasks is possible in a number of cases. The format of the tasks themselves is occasionally left open (face-to-face or telephone for instance) to cater for the widest variety of resources and situations which trainees are likely to encounter and to offer maximum flexibility for the trainers.

- **Preparation exercises** are provided before each task. These have a number of different aims and objectives:
  - fluency work
  - accuracy work
  - acquisition or revision of grammatical structures
  - vocabulary acquisition (general and work-specific)

- confidence-building
- guided practice
- specific task preparation and introduction
- active and passive input

It is strongly recommended that **all** preparatory activities are undertaken before each task is attempted. However, the design of the course is such that each task can be achieved when the students are ready to do so, thus enabling them to accumulate credits towards full qualification at a pace suited to their individual requirements and circumstances.

- A number of activities require the trainee to use a **bilingual dictionary**. These are aimed at encouraging trainees to examine external references and sources of information, thus promoting self-confidence and autonomous learning practices, as well as training for 'real-life' situations.

- A number of activities require trainees to work with a **partner**, encouraging peer interaction and team-building.

- None of the activities are timed. This is to enable trainees to work at their own pace and to provide equal opportunities for all trainees who may have different learning environments, backgrounds or skills, and to provide full flexibility in terms of delivery methods.

- **Answers** to all preparation tasks are provided in the *Corrigés* section. Answers to actual tasks are not given because of the individual nature of the tasks. Assessors should use their own judgement as to the satisfactory completion of these.

- A full **transcript** of all listening material, including vocabulary and exercises as indicated in the text itself, is provided in the *Texte des cassettes* section.

Note: in order to reinforce and familiarise the student with the correct spelling of words which include accented letters, accents have been used on capitals throughout. This should be seen as a learning tool and students should be aware that this is not usual practice in 'real life' situations.

L2.1 Obtain general information

Task	UNITÉ 1			UNITÉ 2			UNITÉ 3				UNITÉ 4				UNITÉ 5					UNITÉ 6				UNITÉ 7				UNITÉ 8				
	1	2	3	1	2	3	1	2	3	4	1	2	3	4	1	2	3	4	5	1	2	3	4	1	2	3	4	1	2	3	4	5
Others present						X		X		X		X		X				X											X			
Broadcast speech												X																				
Telephone speech								X										X														
Factual information						X		X	X	X																						
Work information										X								X											X			
Communication with others								X	X	X		X																				
Other action						X		X										X											X			

L2.2 Obtain specific details

Task	UNITÉ 1			UNITÉ 2			UNITÉ 3				UNITÉ 4				UNITÉ 5					UNITÉ 6				UNITÉ 7				UNITÉ 8				
	1	2	3	1	2	3	1	2	3	4	1	2	3	4	1	2	3	4	5	1	2	3	4	1	2	3	4	1	2	3	4	5
Broadcast speech				X	X		X				X										X								X			
Telephone speech																				X												
Others present											X																					
Factual information				X	X						X									X	X								X			
Technical information																						X										
Communication with others					X		X				X																					
Other action					X		X													X	X								X			

S2.1 Establish and maintain social contact

Task	UNITÉ 1			UNITÉ 2			UNITÉ 3				UNITÉ 4				UNITÉ 5					UNITÉ 6				UNITÉ 7				UNITÉ 8				
	1	2	3	1	2	3	1	2	3	4	1	2	3	4	1	2	3	4	5	1	2	3	4	1	2	3	4	1	2	3	4	5
Face-to-face						X																					X					X
Informal context						X																					X					X
Formal context																											X					
Personal interest						X																					X					X
Public interest																											X					
Work interest																											X					X
Facts						X																					X					X
Opinions						X																					X					
Advice						X																					X					
Clarification and explanation						X																					X					X

S2.2 Routine work requirements

Task	UNITÉ 1			UNITÉ 2			UNITÉ 3				UNITÉ 4				UNITÉ 5					UNITÉ 6				UNITÉ 7				UNITÉ 8				
	1	2	3	1	2	3	1	2	3	4	1	2	3	4	1	2	3	4	5	1	2	3	4	1	2	3	4	1	2	3	4	5
Operational activities	X			X			X	X		X				X	X	X	X	X	X	X	X		X								X	
Operational problems									X									X		X												
Face-to-face									X	X	X	X	X					X	X												X	
Telephone	X			X			X	X	X									X	X			X	X									

S2.3 Opinions on everyday matters

Task	UNITÉ 1			UNITÉ 2			UNITÉ 3				UNITÉ 4				UNITÉ 5					UNITÉ 6				UNITÉ 7				UNITÉ 8				
	1	2	3	1	2	3	1	2	3	4	1	2	3	4	1	2	3	4	5	1	2	3	4	1	2	3	4	1	2	3	4	5
Face-to-face	X	X			X										X	X				X	X	X	X									
Routine work	X																					X	X									
Informal work					X						X						X	X														
Social matters											X																					
Public interest	X				X																											
Work interest	X				X						X				X	X				X	X											
Opinions																						X	X									
Evaluations	X				X						X				X	X																
Hypotheses/prediction																	X															

9

S2.4 Presentations

Task	UNITÉ 1			UNITÉ 2			UNITÉ 3				UNITÉ 4				UNITÉ 5					UNITÉ 6				UNITÉ 7				UNITÉ 8				
	1	2	3	1	2	3	1	2	3	4	1	2	3	4	1	2	3	4	5	1	2	3	4	1	2	3	4	1	2	3	4	5
Work matters																								X	X	X	X	X				
One-to-one																									X	X	X	X				
To an audience										X														X								

Unité Un

LA CUISINE RÉGIONALE FRANÇAISE

Scenario

You are a student on a catering course. Your assignment is:

to conduct an investigation in order to prepare a report on French regional cuisine, concentrating your research on one particular town or region.

To this effect, you will be provided with relevant material to carry out the tasks requested, but if you prefer to do your own research on a different area of the country, you may do so.

The tasks are outlined below. Before you do each task, there will be a preparation phase to help you acquire the language which you need to carry out the instructions.

Tasks

1   Telephone a French Tourist Information Centre and ask them to send you the information which you need to write your report.
2   Interview a representative of the catering industry in the chosen region, and obtain information about the region and its culinary specialities and produce.
3   Listen to several pre-recorded publicity clips for regional products or restaurants and note their main qualities and features.

Notes

1   The three tasks are to be carried out using **French** as a means of communication. Evidence of completion will be required for all three tasks.
2   The report mentioned in the scenario is **not** part of the assignment, unless you are working on reading and writing skills.
3   The performance criteria for each task are detailed with the instructions for the completion of the task.

4   The preparation part of this assignment, although not assessed in itself, is essential if you want to carry out the tasks in the most effective manner. You are provided with useful vocabulary and sentence constructions to give you the practice necessary to gain confidence in using French for the purpose required.

Mandatory unit match

Unit 1   Investigate the hospitality and catering industry
Element 1.1   Investigate the scale and sectors of the industry (PC 1, 2, 3).

TÂCHE 1

PRÉPARATION

 A *Les types de restauration en France*

Vous allez entendre une introduction à la restauration en France. Voici quelques mots pour vous aider à mieux comprendre.

les usagers	*the users (customers)*	une crêperie	*a pancake house*
une toque	*chef's hat*	le bord des routes	*the roadside*
le prix	*price*	la même nourriture	*the same food*
géré	*managed/run*	un repas	*a meal*
le/la propriétaire	*the owner*		

Écoutez maintenant la cassette et notez si chaque renseignement ci-dessous est **Vrai**, **Faux** ou **Non dit**.

		VRAI	FAUX	NON DIT
1	Retail outlets make up 40% of the restaurant industry in France.			
2	Canteens in schools and hospitals are very good.			
3	Prices in top restaurants are low.			
4	There are not many traditional restaurants any more.			
5	Prices in traditional restaurants vary a lot.			
6	Both types of restaurants mentioned above belong to chains.			
7	Fast food outlets are only found in town centres.			

		VRAI	FAUX	NON DIT
8	Roadside snack-bars all serve the same kind of food.			
9	There are self-service restaurants in shopping centres.			
10	You cannot eat in a café in France.			

B *Les bons chefs sont connus pour leurs qualités*

Le **ROYAL RIVIERA**

Yves Merville

Le jeune Yves Merville, donne toute la mesure de son imagination fertile dans ce lieu qui l'inspire visiblement. Couronné en 95 par le Prix Culinaire International Pierre Taittinger, il est la révélation de l'année, et ses… "Cannelloni de supions aux aromates avec jus à l'encre de sèche et tuile de parmesan"… sa "Boulangère d'agnelet aux senteurs de romarin et tomates séchées"… forcent l'admiration. Il est certain que l'on va reparler d'Yves Merville dans les mois qui viennent…

Lisez cette revue d'un restaurant et de son chef.

Trouvez dans ce texte six mots qui sont des compliments pour le chef, et traduisez-les en anglais (ce n'est pas difficile!).

Yves Merville est admiré. Les six mots pour lui faire compliment sont:

1 _____

2 _____

3 _____

4 _____

5 _____

6 _____

C *Demander des renseignements par téléphone*

Regardez, puis apprenez les phrases clés ci-dessous.

1	Vous saluez	Allô, bonjour Monsieur/Madame
2	Vous vous présentez	Je suis . . . de . . .
3	Vous présentez votre requête	Je prépare un dossier sur . . .
4	Vous demandez	J'ai besoin de . . .
5	Vous précisez	Des renseignements sur . . . et sur . . .
6	Vous donnez vos coordonnées	Nom (épelé)
		Adresse (épelée)
7	Vous remerciez	Je vous remercie de votre aide
8	Vous prenez congé	Au revoir Monsieur/Madame

Conversation téléphonique

Écoutez la conversation type et essayez de la mémoriser.

Vous allez reproduire une conversation similaire avec un(e) partenaire, mais avant, il est peut-être utile de pratiquer l'alphabet et comment épeler.

L'alphabet

Écoutez, répétez, apprenez et exercez-vous à épeler au moins vingt mots ou noms différents.

A B C D E F G H I J K L M N O P Q R S T U V W X Y Z

À vous maintenant!

Partenaire A	**Partenaire B**
1 Introduce your organisation. Ask if you can help.	1 Introduce yourself. Present your request.
2 Say that you understand.	2 Ask for information about the region.
3 Ask what sort of information.	3 Information about local food/restaurants/specialities.
4 Say that you will send information. Ask for caller's details.	4 Give your name.
5 Ask for the spelling of the name.	5 Spell your name.
6 Ask for the address and spelling.	6 Give your address and spell it.
7 Thank caller.	7 Thank person for their help.
8 Be polite and say goodbye.	8 End the conversation.

TÂCHE 1

Vous devez écrire un rapport sur la cuisine régionale française, et vous effectuez des recherches pour trouver les renseignements dont vous avez besoin.

- Téléphonez à l'Office de Tourisme de Cannes (ou d'une autre ville) pour demander la documentation nécessaire pour préparer votre rapport.

- Suivez le modèle de la conversation précédente.

- Demandez un minimum de trois documents spécifiques.

- Donnez votre propre nom et adresse.

Performance Criteria

Speaking

S2.2 You are expected to seek information on the telephone to fulfil routine work requirements, using the appropriate telephone conventions, asking clearly what you want and giving appropriate explanations when requested.

Range:	Work activity different from normal routine
Context:	Work
Mode of communication:	Telephone
Performance evidence:	Audio recording of the telephone conversation

This task is best carried out in pairs, but only the person making the telephone call should be assessed here.

TÂCHE 2
PRÉPARATION

A *Interview de M. Leblanc*

Écoutez ce représentant de la région du Doubs, dans l'est de la France, qui décrit les plaisirs gastronomiques de son département. Puis complétez (en anglais) le tableau de la page 18 grâce à ses renseignements.

I N F O S
Comité de Promotion
des Produits Régionaux
Valparc - Espace Valentin
25048 Besançon cedex
Tél.: 81 50 69 43

Faire rimer rustique
et gastronomique ?
Et pourquoi non ?
Les produits du terroir
ne sont-ils pas ceux
qui ont le meilleur
fumet, même en robe
des champs ?

	1	2	3	4
1 Main features of local cuisine (3).				
2 Produce generally used (3).				
3 Meat used in *potée* (3).				
4 Vegetables used in *potée* (4).				
5 Use for Mont d'Or cheese (2).				
6 Vegetables cooked with Comté cheese (3).				
7 Meat served with Comté cheese (2).				
8 What are *röstis* served with (2)?				
9 Names of drinks mentioned (2).				

B Maintenant, retrouvez les mots et expressions français suivants, en utilisant un dictionnaire pour les écrire correctement. Écoutez-les sur la cassette et apprenez-les bien.

1 smoked pork or beef
2 a slow-cooked meat stew
3 belly of pork
4 turnip
5 name of cheese melted to serve on potatoes
6 dish baked with grated cheese on top
7 Swiss chard
8 AOC

C Écoutez l'interview de M. Leblanc (A) de nouveau et notez en anglais, puis en français, les questions qui étaient posées.

	ANGLAIS	FRANÇAIS
1		
2		
3		
4		
5		
6		

D Écoutez bien les questions encore une fois, et entraînez-vous à former des questions semblables.

Pensez à utiliser: Où est/sont situé(e)(s)...?
Quel(le)s sont...?
Est-ce qu'il y a...?
Combien de... y a-t-il? etc

TÂCHE 2

Vous continuez vos recherches en cherchant des détails sur l'industrie hôtelière dans la région où vous vous trouvez. Faites l'interview d'une personne de la région de Provence et posez-lui des questions sur la gastronomie de sa région.

Vous pouvez préparer vos questions d'avance et consulter des documents pour le faire.

Votre interlocuteur utilisera les renseignements fournis ci-dessous pour vous répondre. Si ses réponses sont incomplètes ou peu claires, demandez-lui des précisions ou de répéter.

Votre interlocuteur devra bien connaître les documents pour vous répondre, mais ne lui demandez pas de renseignements qui ne sont pas dans les documents.

Si vous choisissez une autre région que la Provence ou une ville précise, il faudra trouver d'autres documents.

Photos Office de tourisme de Marseille/ Bouthillier, F Millo/ CIVP, Provence Prestige, Ville de Cassis, CDT Bouches du Rhône

Tout l'art de la cuisine provençale c'est utiliser au maximum les produits du terroir, bon marché, mais ils demandent parfois, beaucoup de soin et souvent une longue préparation, car faire chanter les couleurs et les odeurs ne s'improvise pas

Sur le port de Cassis

C'est en Provence, la Babylone moderne, que poussent des légumes exceptionnels venus du monde entier: la courgette est d'origine américaine (traces de courgette au Pérou 1200 an avant Jésus Christ), le poivron qui est un piment doux fut découvert par Christophe Colomb et ramené en France, l'aubergine est originaire de l'Inde et fut introduite en Provence par les Maures, le tomate, originaire des Andes fut importée en Europe par les conquistador au 16ème siècle. Avec ces quatre légumes, auxquels vous ajoutez un peu d'ail et d'huile (dont on reparlera) vous obtenez une simple bohémienne, fleuron de la cuisine provençale, laquelle est donc l'art qu'ont toujours les provençaux de cuisiner les légumes venus des quatres coins du globe; grâce à un climat généreux, ces légumes ont été abondamment cultivés et savamment accommodés afin d'avoir, dans nos assiettes tous les parfums d'Amérique du Sud, des Indes ou d'ailleurs.

Performance Criteria

Speaking

S2.3 You are expected to seek opinions on everyday and work-related matters and will have to demonstrate that your questions can be easily understood and that you can ask for clarification or explanations. The register used will have to be polite and formal.

Range:	Matters of work and general interest
Type of exchange:	Simple statements and opinions
Context:	Business meeting
Mode of communication:	Face-to-face
Performance evidence:	Recording of conversation including questions and responses, requests for clarification, repetition or explanation, appropriate terms of address, greetings and gratitude

The assessor will be your interlocutor for this task.

TÂCHE 3
PRÉPARATION

A *Un article*

Lisez cet article sur le chef Pierre Lecomte, puis répondez aux questions ci-dessous.

Pierre Lecomte dirige le restaurant 'La Mirabelle' à Besançon depuis plus de cinq ans. Il adore les viandes fraîches des fermiers locaux et achète ses agneaux et jeunes lapins directement chez les producteurs.

Grand amateur de poissons d'eau douce, il fait livrer ses poissons de rivière ou d'étang par camion express, sans passer par les halles, pour éviter tout délai. Les poissons sont servis cuisinés avec des herbes fraîches et du riz sauvage.

N'oublions pas non plus les faisans, les lièvres, les pigeons ramiers servis en saison, ainsi que la viande de chevreuil ou de sanglier provenant des chasses locales.

En automne et en hiver, il sert aussi des champignons sauvages et agrémente ses menus de truffes fraîches cueillies dans la région.

Mais la vraie spécialité de la maison, comme son nom l'indique, ce sont les succulents desserts aux mirabelles. Quant à la carte des vins, elle compte plus de 500 appellations différentes, vous aurez donc l'embarras du choix!

---

1 How long has he been chef at 'La Mirabelle'?
2 Where does he buy his lamb and rabbit?
3 How is his fish delivered and why?
4 What does he serve his fresh-water fish with?
5 What game does he cook?
6 What does he like to serve in the autumn?
7 What does he use in his desserts?
8 What is said about his wine selection?

B Étudiez les publicités de produits, fabricants ou restaurants régionaux ci-dessous. Pour chaque publicité, faites la liste des types de produits cités et des qualités mentionnées.

Yves au fournil

Chambre "Tilleul"

– Une cuisine généreuse, raffinée, saine et équilibrée, mijotée par Liliane à base de produits régionaux "maison" (jambon, saucisse, pâtés, confitures, tisanes).
– le pain cuit au vieux four à bois de la maison.
– un ski de fond de découverte avec Yves comme guide. Ballade franco-suisse chaque jour différente. Avec la nature, le chamois et le Grand Tétras comme seuls témoins.

Forfait séjour en chambre 2 personnes, pension complète, vin gouleyant à discrétion, thé à 17 heures avec pâtisseries maison, sortie accompagnée (matériel fourni) : nous consulter.

"LE CRÊT L'AGNEAU"

La Longeville - 25650 MONTBENOIT · Tél. 81 38 12 51

La Boîte à Pâtes

CENTRE DE PRODUCTION ET D'ACHAT
Gros-Demi gros-Détail
89, rue Font de Cine - "L"Acropole"
06220 VALLAURIS
Tél : 92 96 96 78 - Fax : 93 95 83 34

BOUTIQUES

ANTIBES 5 rue Sade 93 34 03 43
CAGNES SUR MER 10 rue Giacosa ✆ 92 13 06 22
CANNES 16 rue Marceau ✆ 92 99 18 02
6 place du Marché Forville ✆ 93 68 63 02

La Boîte à Pâtes

*P*arcours exceptionnel que celui de Monsieur Durand, ex chef de cuisine, qui est devenu aujourd'hui propriétaire d'une P.M.I au cœur de la Riviéra. Associé à sa charmante épouse, il a créé, tout en maintenant la tradition artisanale, une entreprise de fabrication de pâtes fraîches d'une qualité remarquable. Toute la gamme des pâtes fraîches, à l'accent méditerranéen, de la "Boîte à Pâtes" est le fruit d'un grand savoir-faire et des procédés techniques modernes. On trouve des surprises de taille, comme le "Raviolissimo géant" à la "Daube", aux "Quatre fromages", aux "Légumes", au "Saumon" etc... La gastronomie méditerranéenne y est à l'honneur, avec les "Tagliatelles au noir de seiche", les "Gnocchi à la pomme de terre", les raviolis "façon Niçoise" et de fameuses lasagnes (laminage extrudé) version basilic, ricotta ou encore provençale. Dans cette petite usine à l'hygiène irréprochable, on cultive l'art des pâtes à l'ancienne et le goût authentique. Les produits de la boîte à pâtes ont déjà séduit bon nombre de professionnels de la restauration et les amateurs y trouveront leur bonheur à des prix très doux. Une visite s'impose dans les boutiques de Cagnes sur Mer, d'Antibes, de Vallauris et de Cannes où l'on dénichera aussi de superbes produits importés de nos voisins Italiens.

LES MARSEILLOTES
Tout le goût de la douceur de vivre en méditerrannée

Cambrai avait ses bêtises, Aix ses calissons, désormais Marseille a ses Marseillotes, une friandise subtilement parfumée créée par deux amoureux de la cité phocéenne, Monique et Jean Marie Fouque. Ces deux fins gourmets ont voulu donner à la ville de Pagnol, un ambassadeur digne de ce nom, un produit qui défend l'histoire et la saveur de cette région réputée pour sa douceur de vivre. Ainsi naquirent les Marseillotes, friandises enrichies de miel, d'anis et d'orange, de cacao et d'amande. *"L'anis fait penser au pastis, l'amande et le miel   évoquent l'ancienne tradition de nougatier tout comme le cacao et l'orange rappellent la vocation maritime et de commerce de la cité méditerranéenne"* explique J.M. Fouque, le père des Marseillotes. L'emballage bleu et blanc reprend les deux couleurs de la ville. Les Marseillotes sont vendues au prix de 40 Frs l'hecto et disponibles actuellement chez les boulangers pâtissiers servis par la société Alliès, la boutique des Arcenaulx, les Nouvelles galeries, le magasin Baze du Prado et l'Office de Tourisme.

Pour tous renseignements :

EURO PROVENCE DIFFUSION
11A, rue Bienvenu
13008   MARSEILLE
Tél : 91 71 24 83

Utilisez la grille ci-dessous comme un guide.

	A) ANNONCE	B) PRODUITS	C) QUALITÉS
1 Crêt l'agneau	*restaurant*	(6)	(5)
2 Boîte à Pâtes		(1) *pâtes*	(9)
3 Épuisette		(8)	(5)
4 Lot		(6)	(4)
5 Marseillotes		(5)	(2) *parfumées, enrichies*

▭ C *Vocabulaire*

Cherchez la traduction en anglais de tous les mots de la grille (dictionnaire ou travail de groupe), puis apprenez les mots en les répétant après la cassette.

D *Révision: Les grands nombres*

Entraînez-vous (seul ou avec un(e) partenaire) à dire des nombres entre 100 et 1000 (cent et mille) en français. Faites au moins dix nombres par personne.
Commencez! 218 . . . deux cent dix-huit.
Continuez! 5 . . . etc.

TÂCHE 3

▭ Vous allez entendre cinq publicités de produits régionaux français. Pour chaque produit, notez en anglais les traits manquants dans la liste ci-dessous.

1 Auberge Grillobois – Menus at . . .F, 130F, . . .F, 230F
  – Special dishes: fresh . . . , . . . tails *niçoise*, excellent . . .
  – Wines from . . .

2 Cuisine provençale – The art consists of using: –
  –
  – To cook these products you need: –
  –
  – The four key vegetables are: –
  –
  –
  –

3 Le Globe – The three herbs mentioned are: –
  –
  –
  – The menu prices are: . . .F, 160F, . . .F
  – To eat 'à la carte', you will spend between . . .F and . . .F

4 L'olivier et l'ail – There are . . . olive trees left
  – The garlic season is from . . . to . . .
  – Tapenade is . . .

5 Pierrot – The welcome is . . .
  – Prices are . . .
  – Dishes include . . . , . . . , stuffed . . . and . . .
  – The wines are from . . . and . . .

Performance Criteria

Listening

L2.2 You are expected to obtain specific information and to write these details accurately in English.

Range: Radio broadcasts or public announcements

Type of information: Simple factual information about services and goods from a specific part of France

Action: Make notes of the information using support provided (incomplete sentences)

Performance evidence: Completed statements

Unité Deux

STAGE DANS UN HÔTEL

Scenario

You are a student on a hospitality and catering course in Britain. Your assignment is:

to prepare and arrive for a period of work experience in a French hotel.

To this effect, you will be provided with the relevant material to carry out the tasks requested, but if you prefer to do your own research on a different hotel, you may do so.

The tasks are outlined below. Before you are requested to do each task, there will be a preparation phase to help you acquire the language you need to carry out the instructions.

Tasks

1   Telephone the hotel in Nice to arrange/finalise the details of your arrival.
2   On arrival you have a meeting with the Personnel Manager of the hotel – you ask him/her questions about the facilities offered by the hotel and the staffing structure.
3   After your first day at work, you are invited out for a drink by one of your new colleagues, and you have an informal conversation with him/her.

Notes

1   These tasks are to be carried out using **French** as a means of communication. Evidence of completion will be required for all three tasks.
2   The performance criteria for each task are detailed with the instructions for the completion of the task.
3   The preparation part of this assignment, although not assessed in itself, is essential if you want to carry out the tasks in the most effective manner. You are provided with useful vocabulary and sentence constructions to give you the practice necessary to gain confidence in using French for the purpose required.

Mandatory unit match

Unit 2   Human resources

Element 2.1   Investigate working relationships in hospitality and catering (PC 2, 3, 4, 5).

Element 2.2   Explain the factors that contribute to staff achievement and satisfaction (PC 2).

PRÉPARATION

A *Une lettre de l'Hôtel Miramar*

La direction de l'Hôtel Miramar à Nice vous écrit pour vous poser quelques questions concernant votre stage. Regardez le vocabulaire pour vous aider à comprendre la lettre et lisez la lettre à la page suivante.

la place de stagiaire	*work experience post*
nous accusons réception de votre lettre	*thank you for your letter*
. . . du 9 juin	*. . . dated 9 June*
pendant le stage	*during the work placement*
pour nos dossiers	*for our records*
vos coordonnées personnelles	*your personal details*
envoyer	*to send*
. . . nous communiquer	*to let us know*

Maintenant relisez la lettre et répondez aux questions suivantes (**Vrai/Faux**).

		VRAI	FAUX
1	You will be on work placement in June.		
2	Your letter was dated 9 June.		
3	You will stay in a nearby hotel.		
4	You must send two passport photos.		
5	You must telephone to give them your arrival details.		
6	Albert Dupont is the Sales and Marketing Manager.		

Hôtel Miramar
55/75 avenue Maréchal
06000 Nice

le 14 juin ....

M. ....
19 St John's Road
Folkestone
Kent

Objet: Place de Stagiaire (1er au 31 août)

Monsieur

Nous accusons réception de votre lettre du 9 juin concernant la

place mentionnée ci-dessus.

Pendant le stage vous serez logé à l'hôtel même et pour nos

dossiers nous aurons besoin de toutes vos coordonnées

personnelles ainsi que de deux photos de passeport pour votre

badge d'identité. Nous vous prions donc de nous envoyer les

photos aussitôt que possible, et de nous communiquer par

téléphone les détails de votre arrivée en France lorsque vous

les aurez.

En vous remerciant de votre coopération nous vous prions

d'agréer Monsieur l'expression de nos sentiments distingués.

Albert Dupont

Directeur du Personnel

Tél: +33 96 54 32 17
Fax: +33 96 54 32 18

Regardez la liste ci-dessous et complétez-la avec vos coordonnées personnelles.

Nom: ....

Prénom: ....

Adresse: ....

....

....

Numéro de téléphone: ....

Nationalité: ....

Date de naissance: ....

Personne à contacter en cas d'urgence: ....

....

....

▭ B *Une conversation téléphonique*

Vous allez entendre une conversation téléphonique entre Kevin Duncan, un jeune anglais qui va faire un stage dans un hôtel français, et le Directeur du Personnel, M. Gosteau.

Voici quelques mots pour vous aider à mieux comprendre.

je voudrais parler avec	*I'd like to speak to*
ne quittez pas	*hold the line please*
Gosteau à l'appareil	*Gosteau speaking*
je vais faire un stage en août	*I'm doing a work placement in August*
quand comptez-vous . . . ?	*when do you intend to . . . ?*
vol numéro	*flight number*
prenez la navette	*take the shuttle bus*
sera de service	*will be on duty*
il s'occupera de vous	*he'll look after you*
au plaisir de	*I look forward to*

Écoutez la conversation et essayez de la mémoriser.

Maintenant vous allez reproduire une conversation similaire avec un(e) partenaire mais avant, il est peut-être utile de pratiquer les mois et les dates.

 Les mois

Vous avez déjà vu trois mois dans cette unité. Trouvez les autres mois en utilisant votre dictionnaire.

j	juillet
f	août
m . . .	s . . . .
a	o . . . . . .
m . .	n . . . .
juin	d . . . .

Écoutez la cassette et notez la prononciation.

 Les dates

Notez	30/7	le trente juillet
	9/6	le neuf juin
mais	1/8	le **premier** août

Les heures

Utilisez de préférence l'horloge de 24 heures.

Notez	20h30	vingt heures trente
	22h00	vingt-deux heures
	12h15	douze heures quinze
mais	00h10	**minuit** dix

Écoutez les heures enregistrées sur la cassette et notez-les.

1	_____	5	_____
2	_____	6	_____
3	_____	7	_____
4	_____	8	_____

À vous maintenant!

Partenaire A	Partenaire B
1 Introduce your organisation. Introduce yourself. Ask if you can help.	1 Introduce yourself. Give the reason for your call.
2 Say that the work placement begins on 29 October. Ask when the caller will be arriving.	2 Say you are flying on 27 October, flight number BA683 You will arrive at 15h25.

Partenaire A	Partenaire B
3 Confirm the travel details.	**3** Ask if the hotel is far from the airport.
4 Say the hotel is in the town centre. Tell the caller to take the shuttle to the centre and then take a taxi. Your assistant M. Cloche will be on duty.	**4** Ask for the spelling of the name.
5 Reply appropriately.	**5** Thank the person for their help.
6 Be polite and say goodbye.	**6** End the conversation.

TÂCHE 1

Téléphonez à l'hôtel où vous allez prochainement faire un stage pour discuter avec le Directeur du Personnel des détails suivants:

- vos coordonnées personnelles

- la date et l'heure de votre arrivée et votre moyen de transport

- la situation de l'hôtel et comment y arriver depuis votre point d'arrivée (gare, aéroport etc)

Performance Criteria

Speaking

S2.2   You are expected to give and ask for routine information over the telephone, making sure that the information is clear and polite and that the key points are checked and confirmed.

Range:	Work arrangements
Context:	Work
Mode of communication:	Telephone
Performance evidence:	Recorded evidence of the appropriate forms of address

This task is best carried out in pairs, but only the person initiating the telephone call should be assessed.

TÂCHE 2
PRÉPARATION

C'est le premier jour de votre stage à l'Hôtel Miramar.

À 9 heures, le Directeur du Personnel va parler à tous les stagiaires pour leur expliquer la structure de l'hôtel.

A *Les fonctions du personnel*

Regardez les fonctions du personnel ci-dessous et essayez de trouver leur équivalent en anglais. Écoutez la cassette pour apprendre la prononciation correcte.

1 Directeur-Général
2 Directeur du Personnel
3 Maître d'Hôtel
4 Chef de Réception
5 Chef-concierge
6 Gouvernante

B Écoutez la présentation de M. Gosteau, le Directeur du Personnel, et trouvez la position des personnes nommées ci-dessous.

NOM	POSITION
Mme Mersault	
Mme Corbeau	
M. Gosteau	Directeur du Personnel
M. Lambert	
M. Flaubert	
M. Galliaud	

C *Les facilités de l'hôtel*

Regardez le plan de l'hôtel et écoutez la cassette pour obtenir les mots et expressions français qui correspondent aux facilités écrites en anglais. Écrivez-les correctement en utilisant un dictionnaire et apprenez-les bien.

ANGLAIS	FRANÇAIS
1 bar	
2 seminar rooms	
3 banqueting suite	
4 swimming pool	

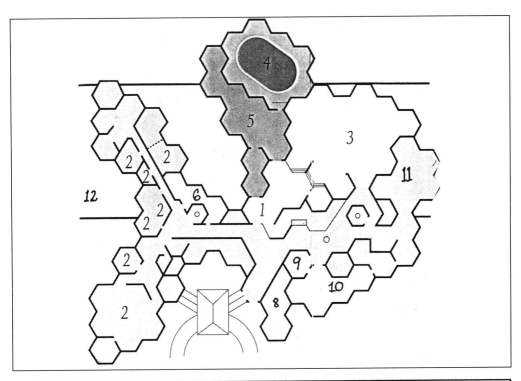

ANGLAIS	FRANÇAIS
5 health and fitness centre	
6 restaurant	
7 reception	
8 souvenir shop	
9 hairdressing salon	
10 café and winter garden	
11 piano bar	
12 sports facilities	

D Avec un(e) partenaire posez des questions sur le personnel et les facilités de l'hôtel en utilisant les informations que vous avez reçues dans les sections précédentes.

Avant de commencer, entraînez-vous à former des questions.

Pensez à utiliser: Qui est . . . ?
Comment s'appelle . . . ?
Est-ce qu'il y a . . . ?
Où est/sont . . . ?
Combien de . . . y-a-t-il? etc

TÂCHE 2

Vous allez interviewer le Directeur-Général de l'Hôtel le Verbois sur les facilités offertes par l'hôtel. Prenez note des réponses données. (Si vous faites l'option écrite vous pouvez écrire un rapport sur l'hôtel en utilisant les informations données.)

L'HOTEL LE VERBOIS met à votre disposition:

- 71 chambres de luxe (dont 11 suites) avec salle de bains, téléphone, TV couleur, mini-bar

- 7 salles de séminaires

- son restaurant gastronomique *Le Rivage*

- son *jardin d'hiver* où vous serez servi une restauration "basses calories" (de 12h à 14h)

- une salle de banquet (300 personnes) avec une cuisine de qualité pour vos soirées

- un piano-bar (ouvert de 11h à 23h)

- une boutique où vous trouverez le souvenir qui plaira

- un centre de remise en forme avec sauna, hammam, solarium, salle de fitness

- une grande piscine couverte avec terrasse

- un salon de coiffure hommes et femmes

- une infrastructure sportive: 2 terrains de tennis en plein air, 2 terrains de volley-ball, 1 terrain de basket-ball, pétanque, mini-golf

- ses nombreuses promenades guidées au départ du centre

Performance Criteria

Speaking

S2.3 You are expected to obtain information on everyday matters in a work context, checking that the information received is clear and asking for clarification if necessary.

Range: Matters of shared interest and of an operational nature

Type of opinion: Simple evaluation of quality

Context: Informal work contacts

Mode of communication: Face-to-face

Performance evidence: Notes made during the course of the interview to supplement audio or video recording

This task is best carried out in pairs, but only the person initiating the telephone call should be assessed.

TÂCHE 3
PRÉPARATION

A *Le premier jour de travail*

Vous allez entendre une conversation entre Claudine, une jeune française qui travaille à l'Hôtel Miramar, et Mark, un stagiaire anglais qui vient de terminer son premier jour de travail à l'hôtel.

Voici quelques mots pour vous aider à mieux comprendre.

salut!	*hi!*
pas trop dur?	*not too hard?*
la femme de chambre	*chambermaid*
pas du tout	*not at all*
ça te plaît?	*are you enjoying it?*
c'est fatigant	*it's tiring*
prendre un verre	*to go for a drink*
un bar du coin	*a local bar*
des copains	*friends (slang)*
je voudrais bien	*I'd like that*

Écoutez la conversation et indiquez si les phrases ci-dessous sont **Vraies** ou **Fausses**.

	VRAI	FAUX
1 Mark found the work a bit hard.		
2 Claudine is a chambermaid.		
3 Mark is working as a waiter.		
4 Claudine speaks English.		
5 Claudine is meeting some friends at a local bar.		
6 Claudine and Mark arrange to meet at ten past eight.		

B *Dans le bar*

Claudine et Mark arrivent au bar. Pour mieux comprendre leur conversation, voici quelques mots clés.

des endroits dans l'arrière-pays	*places away from the coast*
à Nice même?	*in Nice itself?*
dis-moi 'tu'	*use 'tu' instead of 'vous'*
boîtes de nuit	*nightclubs*
la haute saison	*the high season*
une bonne ambiance	*a good atmosphere*
sympa (sympathique)	*nice*
un problème grave	*a serious problem*
santé!	*cheers!*

Écoutez la conversation et essayez de la mémoriser.

À vous maintenant!

Avec un(e) partenaire, jouez les rôles de Claudine et Mark.

Partenaire A	Partenaire B
1 Ask your partner what s/he would like to drink. Suggest a beer.	**1** Agree.
2 Ask how long your partner is staying.	**2** Reply appropriately. After your work placement you want to visit the area. Ask if there is lots to do.
3 Say there are beaches and places away from the coast.	**3** Ask your partner about Nice and if s/he knows the town well.
4 Tell him/her to use 'tu'. Reply appropriately – there is the old town and the Promenade des Anglais. There are lots of night clubs.	**4** Ask your partner if s/he has worked at the hotel for a long time.
5 Say you have worked here for a year	**5** Ask if s/he likes it.
6 Say you are enjoying it for the moment – it is tiring during the high season, but there is a good atmosphere amongst the staff.	**6** Say you have met the Personnel Manager who seems nice.
7 Say that all the managers are nice unless there is a serious problem. Your drinks arrive. Make an appropriate comment.	

TÂCHE 3

Vous travaillez dans un hôtel au Royaume-Uni. Un(e) stagiaire français(e) est arrivé(e) ce matin. Vous l'invitez à prendre un verre au bar du coin et vous faites connaissance. Jouez la conversation entre les deux employé(e)s. N'oubliez pas de donner à votre interlocuteur des informations sur votre région en réponse à ses questions.

Performance Criteria

Speaking

S2.1   You are expected to carry out a conversation to establish social contact, using the right register and cultural norms.

Range:	Matters of personal interest
Type of exchange:	Factual information and advice; opinions, likes and preferences
Context:	Informal social gathering
Performance evidence:	Audio or video recording of the conversation

Listening

L2.1   Obtain general information from an everyday source. You will be expected to gather the information accurately and clarify meaning if need be.

Range:	The speech of others present
Type of information:	Simple factual information
Action taken:	Discussion with others
Performance evidence:	Action taken to clarify meaning

This task is best carried out in pairs, and both interlocutors can be assessed.

À LA RÉCEPTION

Scenario

You are a student on a hospitality and catering course in Britain. Your assignment is as follows:

You are on duty at the hotel reception. You have to conduct a series of activities and respond to calls and enquiries, taking relevant action and communicating with the customers face-to-face and by telephone.

To this effect, you will be provided with the relevant material to carry out the tasks requested, but if you prefer to do your own research, you may do so.

The tasks are outlined below. Before you are asked to do each task, there will be a preparation phase to help you acquire the language you need to carry out the instructions.

Tasks

1   Take note of a message on the answerphone and relay it to the person concerned (face-to-face or by telephone).
2   Receive a telephone call and deal with the enquiry, decide what action should be taken and inform the people concerned of the actions taken.
3   Act upon a message asking you to ring a client's room and deliver a message.
4   Deal with two situations of face-to-face enquiries/customer care at the reception desk.

Notes

1   These tasks are to be carried out using **French** as a means of communication. Evidence of completion will be required for all tasks.
2   The performance criteria for each task are detailed with the instructions for the completion of the task.

3   The preparation part of the assignment, although not assessed in itself, is essential if you want to carry out the tasks in the most effective manner. You are provided with useful vocabulary and sentence constructions to give you the practice necessary to gain confidence in using French for the purpose required.

Mandatory unit match

Unit 3   Provide customer service in hospitality and catering
Element 3.1   Investigate customer service in hospitality and catering facilities (PC 3, 4, 5).
Element 3.3   Provide customer service (PC 1, 3, 4).

TÂCHE I
PRÉPARATION

A *Messages à prendre*

Plusieurs messages ont été laissés sur le répondeur à la réception. Voici quelques mots pour vous aider à mieux comprendre.

mon agenda	*my diary*
samedi soir	*Saturday evening*
serait-il possible?	*would it be possible?*
je vous rappelerai	*I will call you back*
ma voiture est tombée en panne	*my car has broken down*
plus tard que prévu	*later than expected*

Maintenant écoutez les trois messages et prenez-en note en utilisant le tableau ci-dessous. N'oubliez pas d'indiquer la personne à qui il faut passer le message (Chef de Réception, Gouvernante, Maître d'Hôtel).

	NOM	MESSAGE	PERSONNE À CONTACTER
1			
2			
3			

B Avant de donner les messages aux personnes concernées, il est peut-être utile de pratiquer les suivants.

Les chiffres au-delà de 100
Écoutez les chiffres suivants.

100   200   310   948   1200   5421

Maintenant, écoutez la cassette et écrivez les chiffres que vous entendez.

1 _____   5 _____
2 _____   6 _____
3 _____   7 _____
4 _____   8 _____

Les numéros de téléphone
Notez la façon de lire les numéros de téléphone.

48.69.03.16.   96.00.45.10

Maintenant, écoutez la cassette et notez les numéros de téléphone.

1 _____   2 _____   3 _____   4 _____

Les jours de la semaine
Notez: samedi matin
        samedi après-midi
        samedi soir

Maintenant, écoutez la cassette et écrivez les jours de la semaine. Notez s'il s'agit du matin, de l'après-midi ou du soir.

JOUR	MATIN	APRÈS-MIDI	SOIR
l....			
m....			
m.......			
j....			
v.......			
s.....		X	
d.......			

C *Passer les messages*

Maintenant, avec un(e) partenaire, vous allez passer les messages entendus dans la première section (A) aux personnes concernées. Écoutez l'exemple du premier message qui est enregistré sur la cassette et essayez de le mémoriser.

TÂCHE 1

Vous travaillez à la réception d'un hôtel. Des messages ont été laissés sur le répondeur.

- Écoutez le message sur la cassette et prenez-en note.

- Téléphonez aux membres du personnel concernés et donnez-leur le message.

Performance Criteria

Speaking

S2.2   You are expected to give and seek information and take action following a received communication; this should be done in a polite, accurate and clear manner.

Range:	Work activities including variations from routine
Context:	Work
Mode of communication:	Telephone
Performance evidence:	Audio recording of the telephone conversation initiated

Listening

L2.2   Obtain specific details related to work and take appropriate action

Range:	Recorded speech (answerphone)
Type of information:	Simple detailed factual information and requests for services
Action taken:	Communication of details to others
Performance evidence:	Action taken following note-taking

The second part of this task is best carried out in pairs, but only the person initiating the telephone call should be assessed.

TÂCHE 2
PRÉPARATION

A *Un appel téléphonique*

Vous recevez un appel téléphonique à la réception. Voici quelques mots clés pour vous aider à mieux comprendre.

quelques renseignements	*some information*
toute l'année	*all year round*
un parking souterrain	*underground car park*
. . . dispose de 180 couverts	*. . . has 180 covers*
bien à l'avance	*well in advance*
je peux vous envoyer	*I can send you*

Maintenant, écoutez la cassette et cochez si le renseignement **Vrai**, **Faux**, ou **Pas dit**.

	VRAI	FAUX	PAS DIT
1 The hotel is closed from January to April.			

2 The hotel offers the following facilities to its clients:
  a restaurant
  b public garden
  c swimming pool
  d two bars
  e hairdressing salon			

3 Dogs are allowed in the hotel bedrooms only.			
4 A double room costs 450F without breakfast.			
5 The banqueting suite has 120 covers.			
6 You have to reserve a wedding reception in advance.			
7 M. Rantian lives at 15 rue Sauvignat.			
8 The Head of Marketing will be asked to send M. Rantian the hotel details.			

B Avec un(e) partenaire, vous allez jouer le rôle du réceptioniste/client, mais avant il est peut-être utile de pratiquer les suivants.

Légende des abréviations
Regardez la légende des abréviations et essayez de trouver leur équivalent en anglais en utilisant un dictionnaire.

Logis de France

m : mètres / altitude in meters - *hab* : habitants / number of inhabitants
hs : hors saison / off season - *vac scol* : vacances scolaires / school holidays

 cartes bancaires acceptées

 hôtel "Etape Affaires"

 classement tourisme

 hôtel sans restaurant

 téléphone de l'hôtel

 telex de l'hôtel

 fax de l'hôtel

 nombre de chambres

prix des chambres

 prix menus

 menu enfant (à partir de)

 prix 1/2 pension

 dates et jours de fermeture

 Anglais parlé

 Allemand parlé

 Espagnol parlé

Italien parlé

 TV dans chambres

 téléphone dans chambres

 garage fermé

 parking

 ascenseur

 salles de réunions-séminaires

 parc ou jardin

aire de jeux enfants

 piscine plein air

 piscine couv. chauffée

 sauna hammam jacuzzi

 salle de gym.

 tennis

 location de vélos

 mini-golf

golf 9-18 trous

 établissement équipé handicapés

 chambres équipées handicapés

 restaurant équipé handicapés

 chiens acceptés dans l'établissement

 chiens acceptés chambres uniquement

 chiens acceptés restaurant uniquement

 climatisation

 insonorisation

Écoutez la cassette pour apprendre la prononciation des expressions.

Maintenant à vous!

L'un(e) de vous pose des questions sur l'Hôtel-Restaurant Jeanne d'Arc, l'autre utilise les informations ci-dessous pour répondre.

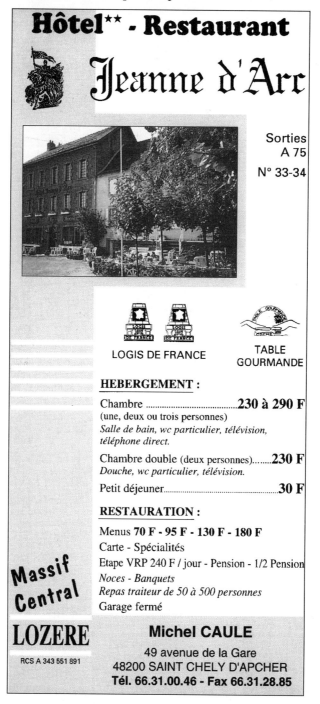

C Regardez le message que le réceptionniste écrit au responsable du marketing. Remplissez les blancs en utilisant les informations données dans la section A.

Hôtel le Castelet

MEMO

DE:

A: Directeur du Marketing

DATE:

M. .... a téléphoné pour demander des renseignements sur l'hôtel. Il s'intéresse particulièrement aux .... S'il vous plaît, envoyez-lui notre littérature à l'adresse suivante:

....

....

Merci

TÂCHE 2

Vous recevez un appel téléphonique d'un client. Utilisez les informations à la page suivante pour vous aider à répondre à ses questions. Votre professeur jouera le rôle du client et vous posera des questions sur la documentation.

Quand vous aurez décidé l'action à prendre, communiquez-la à la personne concernée (face à face, par téléphone ou par écrit).

LEGENDE DES ABREVIATIONS

*	= Téléphone direct dans les chambres		TV	= Télévision dans les chambres
T.A.	= Toute l'année			= Garage privé
	= Ascenseur		BB	= Bain bouillonnant
	= Aménagement handicapés		S	= Sauna
	= Chiens acceptés		SG	= Salle de gymnastique
	= Jardin privé		SJ	= Salle de jeux
A	= Annexe		SL	= Solarium
P	= Parking privé		H	= Hammam
	= Piscine privée		C	= Carte
R	= Salle de réunion		CC	= Carte de crédit acceptée
	= Tennis privé			

LES PRIX SONT INDIQUES EN FRANCS FRANÇAIS

VIC SUR CERE 15800

Hotel	Téléphone		Rooms							
★★★ Hôtel Château de Comblat FAX : 71 49 63 06	71.47.50.79*		11	11	350	350/850	50	480/580	350/450	150/240 C
★★★ Hôtel résidence Arverne LF avenue Antoine Fayet FAX : 71 49 63 82	71.47.50.16*	T.A	17	17	180/250	200/300	35	250/350	220/320	80/150 C
★★ Family Hôtel LF avenue Emile Duclaux FAX : 71 47 51 31	71.47.50.49*	T.A	55	55	259/410	259/410	35	230/380	205/330	80/105 C
★★ Grand Hôtel des Sources 18 avenue Antoine Fayet FAX : 71 49 63 55	71.47.50.30*	15/05 au 30/09/95 + vac.scol.hiver	38	38	220/235	235/275	36	235/285	215/260	90/180
★★ Hôtel Beauséjour LF 4 rue Basse FAX : 71 49 60 04	71.47.50.27*	+ w.e.15/01 à 15/02 début mai au 30/10.	60	60	180/250	200/330	30	235/330	200/290	75/120 C
★★ Hôtel Bel Horizon LF rue Paul Doumer FAX : 71 49 63 81	71.47.50.06*	01/01 au 10/11/95 10/12 au 31/12/95	30	30	200	200	28	220/280	200/260	65/250 C
★★ Hôtel des Bains LF 9/11 avenue de la Promenade FAX : 71 49 63 82	71.47.50.16*	15/04 au 15/10/95 + vacances d'hiver	40	38	180/250	200/300	35	250/350	220/320	80/150 C

Performance Criteria

Speaking

S2.2 Give information to fulfil routine work requirements. This will have to be accurate and clearly comprehensible.

Range: Work activities

Context: Work

Mode of communication: Telephone

Performance evidence: Audio recording of telephone conversation

Listening

L2.1 Understand simple everyday requests which may contain some unfamiliar elements.

Range:	Telephone speech
Type of information:	Requests about facilities, prices, availability etc
Action taken:	Verbal response to the requests
Performance evidence:	Correct responses given to the questions and audio recording if required

TÂCHE 3
PRÉPARATION

A *Les appels téléphoniques*

Vous allez entendre deux appels téléphoniques que le réceptionniste de l'hôtel reçoit. Voici quelques mots clés pour vous aider à mieux comprendre.

Premier appel

il est actuellement en réunion	*he's in a meeting now*
cette réunion a lieu dans . . .	*that meeting is taking place in . . .*
c'est de la part de qui?	*who's speaking please?*
à propos de	*concerning*
notre dernière livraison	*our last delivery*
l'indicatif du pays	*the international dialling code*
je lui ferai la commission	*I'll give him the message*

Maintenant écoutez le premier appel et prenez-en note.

Message laissé par: _____

Message pour: _____

Chambre/emplacement du client: _____

Message: _____

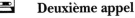

Deuxième appel

ne quittez pas	*hold the line please*
je vous le passe	*I'm putting you through*
la ligne est occupée	*the line is engaged*
pouvez-vous le prier de m'excuser	*can you ask him to accept my apologies*

Maintenant écoutez le deuxième appel et prenez-en note.

49

Message laissé par: _____

Message pour: _____

Chambre/emplacement du client: _____

Message: _____

B *Maintenant à vous!*

Avec un(e) partenaire, jouez le rôle du réceptionniste et donnez les messages que vous avez entendus dans la section A aux clients concernés. Regardez les notes que vous avez prises et essayez d'utiliser les mêmes expressions que vous avez entendues sur la cassette. Vous pouvez ré-écouter les deux conversations avant de commencer le jeu de rôle.

TÂCHE 3

Regardez les messages ci-dessous et communiquez-les aux clients concernés (face à face ou par téléphone).

1		
	Message from:	Suzanne Cantou
	Message for:	M. Depalle
	Room:	Shakespeare Conference Suite
	Message:	Please phone Ivan Loucheur in Brussels this afternoon before 5pm regarding the new offices. Tel: (32) 62.18.24.67.

2		
	Message from:	Mme Rosier
	Message for:	Mlle Lafontaine
	Room:	1910
	Message:	Tonight's restaurant booking is as follows: 20h30, table for 6, Chez Claude, 17 rue de la Paix. She's looking forward to seeing her there.

Performance Criteria

Speaking

S2.2   Communication of routine messages in an appropriate manner.

Range:	Familiar operational problems
Context:	Work
Mode of communication:	Face-to-face or telephone
Performance evidence:	The messages can either be recorded on a cassette or left on an answerphone

This task is best carried out in pairs, but only the person relaying the message should be assessed.

TÂCHE 4
PRÉPARATION

A *Demandes de renseignements*

Vous allez entendre deux conversations entre des clients de l'hôtel et le réceptionniste. Voici quelques mots clés pour vous aider à mieux comprendre.

au fond du couloir	*at the end of the corridor*
il vaut mieux	*it's best to*
aucun problème	*no problem at all*
régler ma note	*to settle my bill*

Maintenant écoutez les deux conversations et cochez si les affirmations ci-dessous sont **vraies** ou **fausses**.

		VRAI	FAUX
1 a	The restaurant is opposite the bar.		
b	The opening hours are 19.00 to 23.30.		
c	The client books a table for 14.		
d	The client's room number is 220.		

		VRAI	FAUX
2 e	The client wants to pay his bill.		
f	The client's room number is 412.		
g	The client took something from the mini-bar.		
h	The client pays by cheque.		

B *L'impératif*

Écoutez la cassette pour mieux apprécier les différences.

- Vous fermez la porte   Fermez la porte!

- Vous allez tout droit   Allez tout droit!

Les directions

à droite	*on the right*	à gauche	*on the left*
à côté de	*next to*	en face de	*opposite*
derrière	*behind*	devant	*in front of*
tout droit	*straight ahead*		

C *Où est . . . ?*

Regardez le plan de l'hôtel ci-dessous et, en écoutant la cassette, identifiez les différents endroits mentionnés.

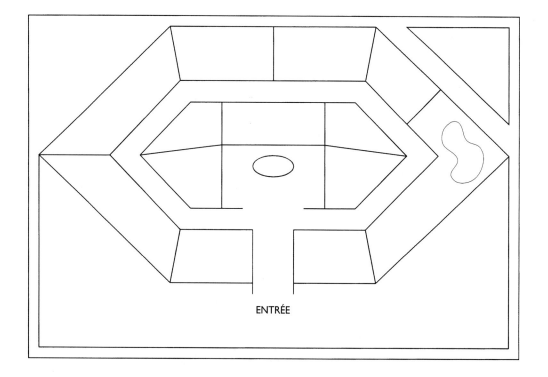

ENTRÉE

D *À vous!*

Jouez le rôle du client/réceptionniste avec un(e) partenaire.

Partenaire A	Partenaire B
1 Ask where the swimming pool is.	**1** Say it's at the end of the corridor on the left next to the fitness centre.
2 Ask for the opening hours.	**2** 7h to 18h daily.
3 Ask if it's open to non-residents.	**3** Yes, but they have to pay. It's free for hotel residents.
4 Ask the price for non-residents.	**4** Reply appropriately.
5 Say thanks and leave.	**5** Respond appropriately.

TÂCHE 4

Vous êtes réceptionniste dans un hôtel en Angleterre. Il y a une famille française descendue à votre hôtel. Répondez aux questions qui peuvent vous être posées en utilisant les informations ci-dessous et à la page suivante.

LA RECEPTION EST A VOTRE DISPOSITION POUR TOUTE INFORMATION ET ASSISTANCE DONT VOUS AURIEZ BESOIN

PETIT DEJEUNER : Un buffet varié et copieux est à votre disposition au "Bistro" de 7h à 10h. Le petit déjeuner "continental" peut être servi en chambre entre 7h et 11h.

RESTAURANTS :
Le "Castel" : Notre restaurant gastronomique est ouvert tous les jours de 12h à 14h30 et de 19h à 22h. Si possible, veuillez réserver votre table à la réception.
Le "Bistro" : Tous les jours service continu à la carte à partir de midi (sauf le samedi à partir de 15h).

BAR : Lieu de rencontre, intime et raffiné, où nous vous proposons vos boissons favorites de 11h à 00h30.

SERVICE EN CHAMBRE : Appelez le "Bistro-Bar" qui vous montera les boissons, sandwiches et fruits de votre choix. Demandez le maître d'hôtel si vous desirez un repas.

PISCINE COUVERTE, SAUNA & SOLARIUM : Sont gratuitement, sous votre propre responsabilité, à votre disposition. Nous vous prions de bien vouloir vous servir des serviettes qui y sont déposées.

DEPOTS DE VALEURS : L'Hôtel décline toute responsabilité concernant la disparition des objets de valeur. Néanmoins, vous pouvez disposer d'un coffre, accessible de 7h à 23h.

DEPARTS : Merci de bien vouloir libérer la chambre avant midi. Pour toute prolongation, veuillez aviser la réception.

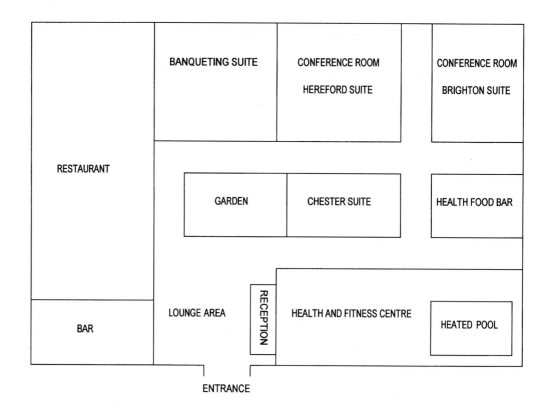

Performance Criteria

Speaking

S2.2   Give information in response to routine queries in a work situation, using appropriate information and correct forms of address.

Range:	Work activities
Context:	Work
Mode of communication:	Face-to-face
Performance evidence:	Audio or video recording of the task

Listening

L2.1   Understand requests for information about everyday work matters.

Range:	Speech of others present
Type of information:	Information about facilities, directions, opening times etc
Action taken:	Communication of details to others
Performance evidence:	Correct responses given to queries which can be supported by audio or video recording

LA CUISINE DU 'ROYAL FLAG HOTEL'

Scenario

A French TV crew are visiting the hotel where you work as a trainee to make an educational video for French catering students. You have been chosen to present the information required.

Your assignment is:

to show the French reporter around the kitchen and explain who does what, and to point out some hygiene and health and safety regulations. You will then be asked to explain a menu and present a recipe of your choice.

You will be presented with the material with which to carry out each task, but you will have to choose the recipe yourself to present in French.

The tasks are outlined below. There will be a preparation phase before each one to help you acquire the language skills which you need to carry out the instructions.

Tasks

1 Describe the kitchen, the staff and their functions, the main equipment and utensils.
2 Explain some basic principles of food preparation hygiene and main health and safety regulations.
3 Present the menu and explain a few dishes.
4 Present your chosen recipe.

Notes

1 The four tasks are to be carried out using **French** as a means of oral communication, unless otherwise specified. Evidence of completion will be required for all tasks.
2 Task 4 should ideally be videoed, but it can also be made in public and recorded. Presentation skills as well as the language quality will be assessed.

3 The performance criteria for each task are detailed with the instructions for the completion of the task.

4 The preparation part of this assignment, although not assessed in itself, is essential if you want to carry out the task in the most efficient manner. You will be provided with vocabulary and sentence examples to give you the necessary practice to gain confidence in using French for the purpose required.

Mandatory unit match

Unit 4   Food preparation and cooking

Element 4.1   Investigate food preparation and cooking (PC 2, 3).

Element 4.2   Identify the factors that contribute to food preparation and cooking (PC 4).

Element 4.3   Plan and implement food preparation and cooking (PC 1).

TÂCHES 1 et 2
PRÉPARATION

 A *Le personnel et l'organisation de la cuisine*

Ce grand restaurant emploie tous les types d'employés de cuisine possible. Étudiez les noms de fonctions ci-dessous, cherchez leur équivalent en anglais, puis remettez-les dans l'ordre hiérarchique (du plus bas au plus haut).

1   un apprentis
2   un boucher
3   un cafetier
4   un charcutier
5   un chef de cuisine
6   un chef de partie
7   un commis
8   un entremétier
9   un garde-manger
10   un pâtissier
11   un plongeur
12   un poissonnier
13   un rôtisseur
14   un saucier
15   un sous-chef
16   un steward
17   un tournant

Complétez maintenant le texte suivant, en ajoutant le nom de la personne manquant dans chaque phrase.

L'équipe de la cuisine

Le . . . . . . dirige l'équipe. Il fait la cuisine, prépare le menu, passe les commandes aux fournisseurs. Le . . . . . . l'aide et le remplace s'il est absent. Il y a généralement plusieurs . . . . . . qui ont des . . . . . . sous leurs ordres. Le . . . . . . lave la vaisselle et les ustensiles de cuisine. L'. . . . . . apprend le métier en cuisine.

Les chefs de partie sont chacun responsables d'une spécialité ou bien ils ont une fonction spéciale: le . . . . . . prépare les petits déjeuners, le . . . . . . et le . . . . . . s'occupent des viandes, le . . . . . . des viandes rôties et le . . . . . . du poisson. Le . . . . . . fait les sauces, le . . . . . . les gâteaux et l'. . . . . . est responsable des œufs et des soupes.

Il y a aussi un . . . . . . qui est responsable du stockage des marchandises et un . . . . . . qui dirige les plongeurs et s'occupe de l'entretien de la vaisselle, de l'argenterie, des verres etc. Enfin, le . . . . . . remplace tous les autres quand ils sont en congé ou malades!

B *Le fonctionnement de la cuisine*

Étudiez le diagramme publié par le Ministère de l'Agriculture français qui se trouve page 58 et mettez les employés ci-dessous à leur place dans la cuisine (attention, certains peuvent se trouver à plusiers endroits!).

1 l'entremétier
2 le plongeur
3 le garde-manger
4 le saucier

5 le chef de cuisine
6 le commis
7 le boucher
8 l'apprentis

C *Vocabulaire*

Retrouvez sur le schéma à la page suivante les expressions françaises correspondant aux expressions anglaises ci-dessous et apprenez à les prononcer en écoutant la cassette.

1 cold storage
2 larder
3 cooking
4 rubbish
5 groceries
6 vegetables
7 washing-up
8 weighing
9 hot dishes
10 frozen food

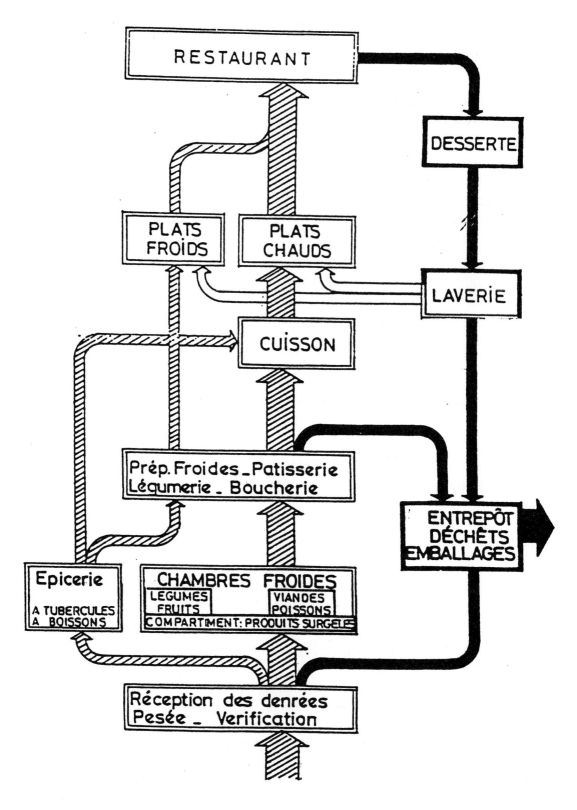

🔊 D *Les employés décrivent leur travail*

Écoutez ces employés décrire leur travail et notez (en anglais) trois activités ou actions pour chaque personne.

1 Françoise: commis de cuisine

_____

_____

_____

2 Jérôme: garde-manger

_____

_____

_____

3 Frédéric: chef dans un restaurant renommé

_____

_____

_____

4 Francine: steward

_____

_____

_____

🔊 E *Les règles de fonctionnement des cuisines de la restauration collective*

(publiées par arrêté ministériel du 26 septembre 1980 et en vigueur actuellement en France).

Voici quelques mots pour vous aider à mieux comprendre

les restes	*leftovers*	réchauffer	*to heat up*
les entrées	*starters*	froid	*cold*
chaud	*hot*	refroidir	*to cool down*

Écoutez les règles et dites si les affirmations ci-dessous sont **vraies**, **fausses** ou **pas-dites**.

	VRAI	FAUX	PAS-DIT
I Wrapped-up meat must be kept at the top of the fridge.			
2 Cold starters/hors d'œuvres must not be taken out of the fridge more than two hours before eating.			
3 Leftovers must be used up within one day.			
4 You can store frozen food in an ordinary freezer but you cannot freeze the food.			
5 Knives and cooking utensils must be washed after use.			
6 Dogs are not allowed in kitchens, other animals are.			

F *Températures de conservation des aliments*

Travaillez avec un dictionnaire pour comprendre le vocabulaire, apprenez les mots, puis, avec un(e) partenaire, posez des questions sur les températures de conservation des aliments.

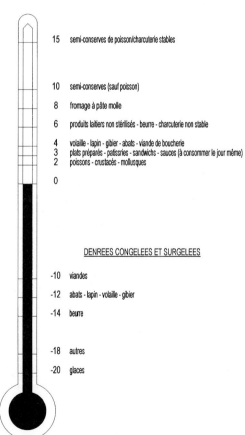

15	semi-conserves de poisson/charcuterie stables
10	semi-conserves (sauf poisson)
8	fromage à pâte molle
6	produits laitiers non stérilisés - beurre - charcuterie non stable
4	volaille - lapin - gibier - abats - viande de boucherie
3	plats préparés - patissries - sandwichs - sauces (à consommer le jour même)
2	poissons - crustacés - mollusques
0	

DENREES CONGELEES ET SURGELEES

-10	viandes
-12	abats - lapin - volaille - gibier
-14	beurre
-18	autres
-20	glaces

Exemple:

Partenaire A	Partenaire B
À quelle température garde-t-on le beurre?	à six degrés
Qu'est-ce qu'on garde à moins douze degrés?	les abats etc

À vous maintenant, continuez!

G *Sécurité dans la cuisine*

Trouvez sur l'image l'objet correspondant à la liste, puis apprenez le vocabulaire.

a	porte coupe-feu
b	extincteur portatif accessible
c	couverture anti-flammes
d	hotte/extracteur d'air vicié
e	ventilateur
f	système d'alarme
g	plan d'évacuation des lieux et consignes en cas d'incendie

TÂCHE 1

Visitez la cuisine d'un restaurant de votre localité ou de votre collège. Obtenez des renseignements pour faire une présentation en français (en public ou filmée) de cette cuisine.

Vous donnerez les détails suivants:

• Le nom du restaurant et de la localité.

• Le nom du chef de cuisine et des membres de son équipe, avec la fonction de chaque personne et la description générale de son travail.

• La description de la conservation des aliments dans cette cuisine (endroits et températures). Vous pouvez utiliser un plan, une photo ou un autre support visuel si vous ne faites pas la présentation dans la cuisine même.

Performance Criteria

Speaking

S2.4 You are expected to make a simple presentation, conveying the information clearly and accurately and to pace your delivery so that your audience can follow easily and ask for clarification if necessary.

Range: Work matters, including some technical vocabulary, but requiring only uncomplicated sentences

Context: Public presentation

Performance evidence: The presentation can either be recorded or assessed by a member of the audience

TÂCHE 2

 Écoutez ce chef de restaurant qui explique les règles précises de sécurité du Ministère de l'Intérieur en vigueur en France (Journal Officiel du 26 août 1990).

Section 1
Notez les règles en anglais.

Section 2
Donnez un résumé oral en français des grands points.

Section 1
1   Describe the door between kitchen and restaurant room.
2   Describe the types of extractors mentioned.
3   Describe the safety equipment and procedures mentioned.

Section 2   Résumé

1   Les portes entre la cuisine et le restaurant doivent . . .
2   Les hottes et extracteurs doivent . . .
3   L'équipement de secours est . . .
4   Le système d'alarme doit . . .
5   Les consignes de sécurité doivent comporter . . .

Performance Criteria

Listening

L2.2   You must obtain specific details from a spoken source. The information must be recorded accurately.

Range: The specific information has been recorded from a spoken source

Type of information: Factual information of a technical nature familiar in the workplace

Action taken: You will be expected to relay this information to others in a summarised form

Performance evidence: Written statements in English will show your understanding of the rules explained (Section 1) and your assessor will determine if the information has been relayed to him/her accurately and clearly (Section 2)

TÂCHES 3 et 4
PRÉPARATION

A *Les ustensiles de cuisine*

Trouvez l'illustration qui correspond à chaque nom d'ustensile ou de récipient de la liste, puis apprenez les mots en écoutant la cassette.

a   une cuillère à café
b   une tasse
c   un moule
d   une planche à découper
e   une fourchette
f   un bol
g   une cuillère à soupe

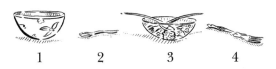

1   2   3   4

h　une bouteille
i　un verre
j　un plat
k　une poêle
l　un saladier
m　une assiette
n　une casserole

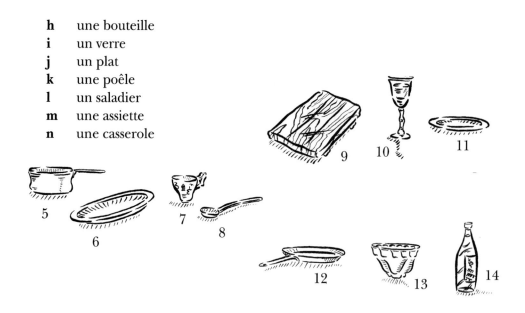

▭ B *Les ingrédients usuels*

Trouvez l'illustration qui correspond à chaque ingrédient, puis apprenez les mots en écoutant la cassette.

a　le sucre
b　un oignon
c　le sel
d　un œuf
e　la farine
f　le poivre
g　l'ail
h　l'huile
i　le beurre
j　le vinaigre

C *Exemples de recettes*

MENU

ENTRÉE   Coquilles St Jacques aux noisettes

PLAT   Lapin à l'ail et à la ciboulette

DESSERT   Poires 'Belle Hélène'

Comprenez-vous les noms des plats?

1 Entrée   . . . with . . .
2 Plat   . . . cooked with . . . and . . .
3 Dessert   . . . 'Belle Hélène'

Recette 1 (entrée)

Lisez le recette des coquilles St Jacques (p66), puis remplissez le tableau ci-dessous.
Trouvez l'infinitif des treize verbes de la recette.

Ingrédients	Verbes	Récipients
1 coquilles St Jacques *(scallops)*	1 laver *(wash)*	1 poêle *(frying pan)*
2 _____	2 _____	2 _____
3 _____	3 _____	3 _____
4 _____	4 _____	
5 _____	5 _____	
6 _____	6 _____	
7 _____	7 _____	
	8 _____	
	9 _____	
	10 _____	
	11 _____	
	12 _____	
	13 _____	

COQUILLES SAINT-JACQUES AUX NOISETTES

Pour 4 personnes. Préparation: 15 mn. Cuisson : 15 mn.

12 coquilles Saint-Jacques, 50 g de beurre, 1 échalote, 75 g de noisettes, 1 verre de vin blanc sec, sel et poivre, 100 g de crème fraîche, persil.

Lavez les coquilles, détachez noix et corail. Tranchez les noix en 2 ou 3 rondelles. Hachez les noisettes. Faites fondre le beurre dans une poêle, mettez-y les noisettes et les Saint-Jacques, salez, poivrez et laissez les noix prendre couleur. Lorsque les Saint-Jacques sont cuites, répartissez-les dans les coquilles lavées et essuyées. Jetez le beurre de cuisson et déglacez la poêle avec le vin blanc, ajoutez la crème et le persil haché. Servez.

Christian Delu Assiette Henriot

C

Recette 2 (plat principal)

LAPIN À L'AIL ET À LA CIBOULETTE

Préparation   15 minutes
Cuisson   1h10
Pour quatre personnes

INGRÉDIENTS
8 morceaux de lapin
4 gousses d'ail
4 cuillères à soupe de ciboulette hachée
30g de beurre
1 filet d'huile
1,5dl de vin blanc
1dl de crème fraîche
1 cuillère à soupe de farine
2 jaunes d'œufs
2 carottes
1 oignon
1 bouquet garni

Dans une poêle, faites chauffer le beurre et l'huile.
Faites dorer les morceaux de lapin.
Saupoudrez de farine et mélangez.
Ajoutez le vin, l'ail, le bouquet garni et la moitié de la ciboulette.
Couvrez et faites cuire 1 heure à feu doux.
Mettez les morceaux de lapin dans un plat et conservez au chaud.
Passez au chinois, puis portez le jus à ébullition.
Ajoutez 1dl de crème fraîche et réduisez la sauce.
Au moment de servir, ajoutez les jaunes d'œufs et le reste de la ciboulette.

Remplissez le tableau ci-dessous en cherchant les mots nouveaux dans un dictionnaire. Trouvez l'infinitif des douze verbes de la recette.

Ingrédients	Verbes	Récipients
1 lapin (rabbit)	1 chauffer (to heat)	1 poêle (frying pan)
2 _____	2 _____	2 _____
3 _____	3 _____	3 _____
4 _____	4 _____	
5 _____	5 _____	
6 _____	6 _____	
7 _____	7 _____	

Ingrédients	Verbes
8 _____	8 _____
9 _____	9 _____
10 _____	10 _____
11 _____	11 _____
12 _____	12 _____

Recette 3 (dessert)

LES POIRES 'BELLE HÉLÈNE'

Ingrédients

- 3 poires Williams
- 1/2 l d'eau
- 300g de sucre
- un sachet de sucre vanillé
- 100g de chocolat fondant
- 1dl d'eau ou de lait
- 40g de beurre
- 1/2 l de glace à la vanille
- un zeste (d'orange)

1 Pelez les poires et mettez-les dans de l'eau citronnée.

2 Préparez un sirop léger avec l'eau, le sucre et le sucre vanillé. Portez à ébullition et laissez frémir quelques minutes.

3 Plongez les poires et cuisez très doucement pendant 30 minutes. Laissez refroidir dans le sirop, puis égouttez et mettez au réfrigérateur.

4 Faites fondre le chocolat au bain-marie avec l'eau ou le lait et le beurre. Tournez pour faire une crème bien lisse.

5 Mettez les poires sur une assiette bien froide. Ajoutez trois boules de glace entre les poires.

6 Nappez de sauce au chocolat chaude et décorez d'un zeste d'orange. Servez immédiatement.

Trouvez la traduction en anglais des ingrédients, verbes et adjectifs contenus dans cette recette et mentionnés ci-dessous, puis répondez aux questions en français.

Ingrédients	Verbes	Adjectifs
1 poire *pear*	1 pelez *peel*	1 citronné(e) *with lemon*
2 sirop _____	2 préparez _____	2 vanillé(e) _____
3 eau _____	3 portez à ébullition __	3 chaud(e) _____
4 sucre _____	4 laissez frémir _____	4 lisse _____
5 chocolat _____	5 plongez _____	5 fondant(e) _____
6 lait _____	6 cuisez _____	6 froid(e) _____

Ingrédients	Verbes	Adjectifs
7 beurre _____	**7** égouttez _____	**7** refroidi(e) _____
8 glace _____	**8** tournez _____	**8** effilé(e) _____
9 amande _____	**9** ajoutez _____	
	10 nappez _____	
	11 décorez _____	
	12 servez _____	

Questions

1 Quelle sorte de poires utilisez-vous?
2 Comment préparez-vous le sirop?
3 Combien de temps cuisez-vous les poires?
4 Comment cuisez-vous la sauce?
5 Qu'est-ce qui est servi chaud?

TÂCHE 3

Vous êtes en stage dans un restaurant avec un chef français qui vous apprend une recette de cuisine. Écoutez la recette et répondez aux questions ci-dessous **en anglais**. Avant d'écouter la cassette voici quelques mots de vocabulaire pour vous aider à mieux comprendre.

noix	*walnut*	coller	*to stick*
pâte feuilletée	*puff pastry*	Épiphanie	*Twelfth Night*

La Galette de l'Épiphanie

1 For how many people is this recipe?
2 What are the preparation and cooking times?
3 What do you mix into a paste?   (*5 items*)
4 What should the diameter of the *galette* be?
5 How do you stick the two pastry rings together?
6 How is the *galette* cooked?

Performance Criteria

Listening

L2.1 You are expected to understand the main points of the recipe given to you orally by a French speaker.

Source: Simple recipe read at reasonable speed

Type of information:	Familiar names of ingredients, times and simple instructions
Action taken:	The information given should enable the person receiving it to cook the recipe if required
Performance evidence:	Written notes in answer to questions

TÂCHE 4

GRAND HÔTEL DE L'EUROPE
BANQUET DE PÂQUES

Hors d'œuvre	Foie gras de canard, salade d'asperges et de petites tomates confites
Entrée (1)	Langouste à la parisienne
Poisson	Sole meunière sur lit d'endives roses
Entrée (2)	Riz de veau doré à la crème
	*****
Entremet	Sorbet au Calvados
	*****
Viande	Carré d'agneau de Pâques en verdure printanière
Fromages	Plateau de fromages et salade verte
Dessert	Nid de petits œufs au coulis de framboises et Grand Marnier
Café	Petits fours et friandises variées
	Liqueurs
	*****

1 Lisez le menu du banquet de Pâques du Grand Hôtel de l'Europe, expliquez à vos collègues ce que les plats comportent et répondez à leurs demandes d'explications générales. On ne vous demandera pas de donner des recettes détaillées ou des détails très précis et vous pouvez utiliser un dictionnaire pour préparer cette partie de la tâche.

2 Choisissez un de ces plats ou une autre recette d'un plat de fête de votre choix, par exemple un plat traditionnel de votre région ou un dessert raffiné, et donnez-en la recette.

Si vous pouvez cuisiner la recette vous-même ou faire le commentaire pour un film c'est parfait, mais, si ce n'est pas possible, vous enregistrerez votre recette sur cassette audio ou ferez une présentation orale en public.

Performance Criteria

Speaking

S2.2   You will give information concerning work activities with which you are not familiar, and you will be expected to convey this information clearly and accurately for comprehension. Your manner should be polite and helpful.

Context: Work

Mode of communication: Face-to-face

S2.4   You will be expected to make a simple, chronological presentation of a series of activities leading to the completion of a work task (preparing a dish). If there are requests for clarification, you will deal with them adequately by repeating, or explaining.

Context: Presentation in public

Performance evidence: Recordings and/or assessment by persons present

5

SERVICE EN BAR ET EN SALLE

Scenario

You are a student on a hospitality and catering course in Britain.

Your assignment is:

to deal with customers in various situations and activities centred around the bar and the restaurant.

To this effect you will be provided with the relevant material to carry out the tasks requested, but if you prefer to do your own research you may do so.

The tasks are outlined below. Before you are asked to do each task, there will be a preparation phase to help you acquire the language you need to carry out the instructions.

Tasks

1 Greeting clients and taking orders for pre-dinner drinks.
2 Taking orders from menus and giving explanations of starters and main courses.
3 Dealing with complaints.
4 Taking orders from the sweet menu and giving explanations.
5 Dealing with requests for room service over the telephone.

Notes

1 These tasks are to be carried out using **French** as a means of communication. Evidence of completion will be required for all tasks.
2 The performance criteria for each task are detailed with the instructions for the completion of each task.
3 The preparation part of the assignment, although not assessed in itself, is essential if you want to carry out the tasks in the most effective manner. You are provided with useful vocabulary and sentence constructions to give you confidence in using French for the purpose required.

Mandatory unit match

Unit 5   Food and drink service
Element 5.1   Investigate food and drink (PC 1).
Element 5.2   Explain the factors that contribute to food and drink service
(PC 1, 2, 4).

PRÉPARATION

A *Conversation*

Vous allez entendre une conversation entre Julien Étoile, serveur dans le restaurant de l'Hôtel du Château et des clients, M. et Mme Baudry, qui ont réservé une table. Il est 19h30. Voici quelques mots clés pour vous aider à mieux comprendre.

c'est à quel nom?	*in what name?*
rencontrer	*to meet*
voudriez-vous . . . ?	*would you like to . . . ?*
en attendant	*while waiting*
veuillez me suivre	*please follow me*
laisser vos manteaux au vestiaire	*to leave your coats in the cloakroom*

Maintenant écoutez le dialogue sur la cassette et cochez si les phrases suivantes sont **vraies** ou **fausses**.

	VRAI	FAUX
1 La réservation est pour deux personnes pour 20 heures.		
2 Le nom des clients est Baudry.		
3 Les clients sont arrivés en retard.		
4 Les clients attendent leur fils.		
5 Ils vont prendre un apéritif en attendant.		
6 Ils laissent leurs manteaux au vestiaire.		

B *Les formules de politesse*

Écoutez les exemples et notez la différence entre les deux façons d'exprimer la même chose.

73

- Voulez-vous passer au bar   Voudriez-vous passer au bar
- Suivez-moi   Veuillez me suivre

Écoutez la cassette et, en suivant les exemples donnés ci-dessus, exprimez les phrases que vous entendrez d'une façon plus polie, puis écoutez la bonne réponse sur la cassette.

C Une fois installés au bar, les Baudry regardent la carte des apéritifs avant de passer leur commande. Avant d'écouter la cassette voici quelques mots clés pour vous aider à mieux comprendre.

vous avez choisi?	*have you chosen?*
il y a tellement de choix	*there is so much choice*
un Kir . . .	*Kir (traditionally crème de cassis and white wine)*
. . . au vin de Saumur	*made with wine from the Saumur region*
un choix de parfums	*a choice of flavours*
cassis (*m*)	*blackcurrant*
framboise (*f*)	*raspberry*
pêche (*f*)	*peach*
mûre (*f*)	*blackberry*

Maintenant écoutez le dialogue et prenez note de la commande passée. Expliquez, en anglais, en quoi consistent les boissons commandées par M. et Mme Baudry. Expliquez aussi la différence entre un Kir traditionnel et la boisson commandée par M. Baudry.

D Regardez maintenant la carte des apéritifs ci-contre et, en utilisant votre dictionnaire pour trouver les mots inconnus, trouvez les cocktails qui correspondent aux ingrédients écrits en anglais.

INGRÉDIENTS	COCKTAIL
1 Freshly squeezed lemon juice, gin, tonic water.	
2 Rum, cane sugar syrup.	
3 A mixture of different fruit juices.	
4 Pasoa, orange juice, champagne.	
5 Blue Curaçao, pineapple.	
6 Tomato juice, vodka, lemon juice.	

E Maintenant à vous! Avec un(e) partenaire, jouez le rôle du serveur ou du client, en utilisant la carte des apéritifs de la section précédente. Avant de commencer, écoutez le dernier dialogue de nouveau et essayez de mémoriser les expressions utilisées.

* Cocktails Maison

L'Américano	32 F
La Symphonie Exotique (Fruits exotiques, Champagne)	32 F
Le Dauphin Bleu (Curaçao, Ananas)	30 F
Le Brillante (Rhum, Sucre de Canne)	32 F
Les Remparts (Poivre, Orange, Champagne)	32 F
Le Bloody Mary (Jus Tomate, Vodka, Jus Citron)	32 F
Le Gin Fizz (Citron Pressé, Gin, Tonic)	30 F
Le Paradis sans Alcool (Cocktail de Jus de Fruits)	28 F

* À consommer avec

Prix Nets

* Apéritifs

La Coupe de Saumur	25 F
La Coupe de Champagne "Louis Nicaise"	28 F
Le Vieux Muscat	22 F
Pineau des Charentes	25 F
Porto Rouge ou Blanc	25 F
Ricard, Pastis, Suze, Byrrh	20 F
Martini Rouge, Dry, Bianco	20 F
Campari, Picon Vin Blanc	25 F
Le Kir (Vin Blanc, Cassis)	18 F
L'Impérial (Kir au Saumur) (* Cassis, Framboise, Pêche, Mûre)	25 F
Le Kir Royal (Champagne) (*)	30 F
Whiskys : William Lawson's	30 F
Ballantines	30 F
Bourbon	30 F
Baby	20 F

modération

TÂCHE I

Vous travaillez dans un hôtel en Angleterre au restaurant. Un(e) client(e) français(e) arrive au restaurant.

- Accueillez le/la client(e) correctement.

- Accompagnez-le/la au bar.

- Présentez la carte des apéritifs (voir ci-contre).

- Expliquez en quoi consistent les cocktails si nécessaire.

- Prenez la commande.

Performance Criteria

Speaking

S2.2   Give and seek information to fulfil routine work requirements.

Range: Familiar operational activities

Context: Work

Mode of communication: Face-to-face

Performance evidence: Audio recorded and written evidence of the order placed

S2.3   You are expected to advise customers on the range of drinks available.

Range: Operational work matters

Type of opinion exchanged: Simple evaluations

Context: Routine business

Mode of communication: Face-to-face

Performance evidence: Audio recording to demonstrate competence

The speaking part of this task is best carried out in pairs but only the person greeting the customer should be assessed.

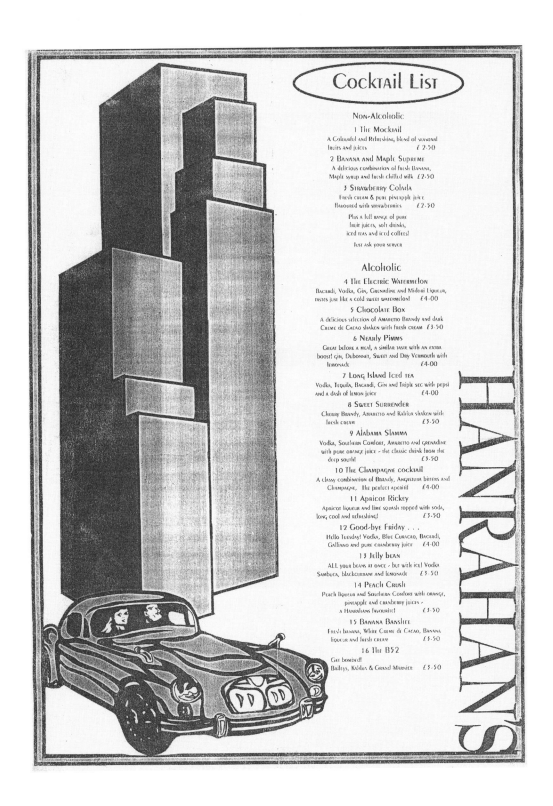

Cocktail List

Non-Alcoholic

1 The Mocktail
A Colourful and Refreshing blend of seasonal
fruits and juices £2.50

2 Banana and Maple Supreme
A delicious combination of fresh Banana,
Maple syrup and fresh chilled milk £2.50

3 Strawberry Colada
Fresh cream & pure pineapple juice
flavoured with strawberries £2.50

Plus a full range of pure
fruit juices, soft drinks,
iced teas and iced coffees!

Just ask your server

Alcoholic

4 The Electric Watermelon
Bacardi, Vodka, Gin, Grenadine and Midori Liqueur,
tastes just like a cold sweet watermelon! £4.00

5 Chocolate Box
A delicious selection of Amaretto Brandy and dark
Creme de Cacao shaken with fresh cream £3.50

6 Nearly Pimms
Great before a meal, a similar taste with an extra
boost! Gin, Dubonnet, Sweet and Dry Vermouth with
lemonade £4.00

7 Long Island Iced Tea
Vodka, Tequila, Bacardi, Gin and Triple sec with pepsi
and a dash of lemon juice £4.00

8 Sweet Surrender
Cherry Brandy, Amaretto and Kahlua shaken with
fresh cream £3.50

9 Alabama Slamma
Vodka, Southern Comfort, Amaretto and grenadine
with pure orange juice - the classic drink from the
deep south! £3.50

10 The Champagne cocktail
A classy combination of Brandy, Angastura bitters and
Champagne, The perfect aperitif £4.00

11 Apricot Rickey
Apricot liqueur and lime squash topped with soda,
long cool and refreshing! £3.50

12 Good-bye Friday . . .
Hello Tuesday! Vodka, Blue Curacao, Bacardi,
Galliano and pure cranberry juice £4.00

13 Jelly Bean
ALL your beans at once - but with ice! Vodka
Sambuca, blackcurrant and lemonade £3.50

14 Peach Crush
Peach liqueur and Southern Comfort with orange,
pineapple and cranberry juices -
a Hanrahans favourite! £3.50

15 Banana Banshee
Fresh banana, White Creme de Cacao, Banana
liqueur and fresh cream £3.50

16 The B52
Get bombed!
Baileys, Kahlua & Grand Marnier £3.50

HANRAHAN'S

TÂCHE 2

PRÉPARATION

A *Des restaurants belges*

MA BICOQUE

■ Grand-route Mons-Tournai
7604 BAUGNIES

■ Tél. : 069/66 59 24 - 66 30 18
Fax : 069/66 28 60
International : (32 69) 66...

**A 15 km de Tournai, direction Mons-Belœil,
une étape gourmande dans un cadre vinicole.**

*Restaurant aménagé dans une ancienne ferme
dont le décor et l'ambiance ne pourront que favoriser
la convivialité de vos repas,
qu'ils soient en tête-à-tête, entre amis ou d'affaires.*

Carte et menus renouvelés chaque mois.

- Fine cuisine créative agréable à l'œil, délicieuse au palais
- Jardin aquatique
- Cave réputée *(Prix d'honneur en 1988)*
- Vaste parking privé (6.000 m²)

L'ECU DE FRANCE

■ Taverne-Restaurant
Grand-Place, 55
7500 TOURNAI

■ Tél. : 069/22 58 16
Fax : 069/21 50 44

L'Ecu de France c'est...

- *la petite restauration*
- *les spécialités nordiques*
- *les menus rapides « Business » de notre fine cuisine française*

Alors que dire de plus, sinon que de vous inviter à venir rejoindre toute l'équipe de l'Ecu de France dans son cadre feutré et accueillant.

Nous tenons également à votre disposition notre salle de réunion, banquets, etc..., pouvant recevoir jusqu'à 80 personnes.

L'EAU A LA BOUCHE

■ **Mme Rosyne COTTENIER**
Quai du Marché-aux-Poissons, 8A-8-B
7500 TOURNAI

■ Tél. : 069/22 77 20

Le restaurant « L'Eau à la Bouche » est installé Rive Gauche dans une maison classée du XVIIIe siècle.

Spécialités : Cuisine du marché • Assiette du pêcheur • Foie gras • Ris de veau.

Menus : Affaires • Gastronomique • Carte.

Fermé le lundi toute la journée et le jeudi soir.

« Dégustation-comptoir » de 22 h à 24 h, tous les jours, sauf le lundi.

Spécialité de fromages Ph. Olivier.

**Découvrez le charme du Quai du Marché-aux-Poissons
à 5 minutes de la Grand-Place.**

LES TROIS POMMES D'ORANGE

■ **Mme Jean GAUDEMONT**　　■ Tél. : 069/23 59 82
　Rue de la Wallonie, 28
　7500 TOURNAI

Cet immeuble fastueux, reconstruit après la dernière guerre, est célèbre à Tournai depuis des siècles. S'il fut au XVIIe siècle propriété de l'Impératrice Marie-Thérèse, il devint en 1761 le local de la Chambre de Commerce.

Voué depuis longtemps à la rencontre conviviale autour d'une bonne table ou simplement « d'une bonne pinte », on peut considérer cette maison comme incontournable à Tournai. Aujourd'hui, Madame Jean Gaudemont et ses enfants vous y accueillent, du mardi au dimanche, à partir de 10 heures (parking gratuit, place Reine Astrid).

Profitez de l'accueil chaleureux que vous réserve son cadre prestigieux. Son restaurant vous présente des produits du terroir et, l'après-midi, son Tea-room vous suggère un choix de glaces, pâtisseries maison « comme dans le temps ».

LE PIAZZA

■ Rue des Maux, 4　　■ Tél. : 069/84 01 33
　7500 TOURNAI (Grand-Place)

Pizzas au feu de bois • Spécialités italiennes.

A déguster en groupe, en duo ou en solo… car vous trouverez certes une table à votre convenance dans l'une de nos salles climatisées, l'une de nos caves voûtées ou l'une de nos terrasses.

Ouvert tous les jours de midi à 14 h 30 et de 18 à 23 heures.

LE VALAISAN

■ Rue des Maux, 4　　■ Tél. : 069/84 01 33
　7500 TOURNAI (Grand-Place)

Un cadre typiquement suisse en Belgique…

Une ambiance montagnarde en plat pays…

Ressentez cette chaleur d'un âtre ouvert et dégustez nos spécialités suisses et viandes grillées sur feu de bois.

Goûtez la chaleur humaine autour d'une fondue bourguignonne, au fromage, paysanne, une raclette… etc.

Ouvert tous les jours de midi à 14 h 30 et de 18 à 23 heures.

Regardez les publicités pour des restaurants belges aux pages précédentes et, en utilisant votre dictionnaire pour mieux les comprendre, complétez le tableau ci-dessous en anglais.

RESTAURANT	SPÉCIALITÉS	PARTICULARITÉS
1	* home-made pastries *	* warm welcome *
2 Ma Bicoque	*	* *
3	* pizzas *	* * *
4	* *	* Swiss décor *
5	* rapid service of fine French cuisine *	* banquet room *
6 L'Eau à la Bouche	* * * * *	*

B Vous allez entendre trois personnes décrivant ce qu'ils ont mangé à midi. Écoutez-les, prenez note en anglais de ce qu'ils disent et identifiez le restaurant où chacun a mangé en regardant les publicités ci-dessous.

a

A LA DÉTENTE

Nous vous proposons nos menus
à
55ᶠ - 85ᶠ - 110ᶠ
et
notre carte

LE **15** OCTOBRE
Soirée Spéciale
Couscous Royal
avec Sangria et dessert : **80ᶠ**
sur réservation au **21.96.48.28**

b

c

	CLIENT(E)	REPAS	RESTAURANT
1	M. Pierrot		
2	Mme Clappier		
3	M. Royer		

C Vous allez entendre un dialogue entre le serveur et les clients, M. et Mme Lemaire, au restaurant. Voici quelques mots clés pour vous aider à mieux comprendre.

oie fumée	*smoked goose*
des lamelles (*f*)	*thin strips*
gésier d'oie confit (*m*)	*conserve of goose gizzard*
le minestrone d'étrilles	*minestrone of crabs*
aux pâtes fraîches	*with fresh pasta*
aux pruneaux et aux raisins	*with prunes and grapes*

Maintenant écoutez la cassette et notez ce que commandent les Lemaire.

	ENTRÉE	PLAT PRINCIPAL
M. Lemaire		
Mme Lemaire		

D Maintenant vous allez jouer le rôle du serveur/client avec un(e) partenaire en utilisant le menu de la section C. Avant de commencer cherchez dans votre dictionnaire l'explication des mots qui vous sont inconnus. À la page suivante vous trouverez des garnitures que vous pouvez ajouter aux plats principaux.

Menu

Entrées

* L'Assiette Quercynoise

* Minestrone d'étrilles et St-Jacques au basilic

* Brouillade d'oeufs aux morilles

* Fleur de courgette farcie sur concassé de radis au cerfeuil

Viandes

* Agneau Fermier en daube légère

* Pigeon rôti

* Lapin à la Tournaisienne

Poissons

* Ragoût de Lotte

* Blanc de Turbot au foie d'oie poêlé

Tous nos plats sont garnis

GARNITURES

* Pâtes fraîches

* Mille-feuille de pommes de terre aux cèpes

* Gratin dauphinois

* Courgettes cuites au beurre

* Petits légumes

* Flan de cèpes

* Pommes sautées forestières

Partenaire A	**Partenaire B**
1 Ask if they have chosen.	1 Choose one of the starters and ask what it is.
2 Reply appropriately.	2 Say you will have that.
3 Ask what the customer would like for the main course.	3 Choose one of the dishes and ask for an explanation and/or what vegetables are served with it.
4 Reply appropriately.	4 Say you would prefer a different accompaniment and ask if that is possible.
5 Say that will be fine.	5 Repeat your main course order.
6 Repeat the meal order and thank the customer.	

TÂCHE 2

Vous travaillez dans un hôtel en Angleterre au restaurant. Un(e) client(e) français(e) commande un repas du menu à la page suivante.

- Prenez la commande du client.

- Expliquez-lui en quoi consistent les plats.

- Expliquez-lui en quoi consistent les garnitures des plats.

- Prenez note du repas commandé.

Performance Criteria

Speaking

S2.2 Give information accurately and clearly in response to the situation, using the appropriate register.

Range:	Work activities
Context:	Work
Mode of communication:	Face-to-face
Performance evidence:	Audio or video recording of the task and correct notation of the order placed

This task is best carried out in pairs but only the person playing the role of the waiter/waitress should be assessed.

MENU

*   Chilled lettuce soup

*   Cucumber cups with prawns

*   Stuffed eggs provençale

*****

*   Turkey escalopes

       (French beans, courgettes au gratin)

*   Lamb in red wine

       (Roast potatoes, buttered carrots)

*   Pork chops with apple

       (Buttered potatoes, braised chicory)

******

*   Mackerel in cider

       (Baked potatoes, peas)

*   Smoked haddock soufflé

       (Buttered potatoes, broccoli)

******

TÂCHE 3

PRÉPARATION

A *Un(e) réclamation*

Vous allez entendre trois extraits de clients au restaurant qui se plaignent à propos de leur repas. Voici quelques mots clés pour vous aider à mieux comprendre.

faire une réclamation	*to make a complaint*
je suis navré(e)	*I am extremely sorry*
cela ne vaut pas la peine	*don't bother*
je vous enlève le plat	*I'll take the plate away*
aux cœurs d'artichauts	*with artichoke hearts*

Maintenant écoutez les extraits et complétez le tableau ci-dessous.

	RÉCLAMATION	ACTION
1		
2		
3		

B *À vous*

Maintenant à vous! Avec un(e) partenaire, jouez le rôle du serveur/client au restaurant en suivant les indices donnés ci-dessous.

Partenaire A	Partenaire B
1 Ask if everything is alright.	1 Say no, you waited 20 minutes for your meal and when it arrived it was cold.
2 Apologise and offer to change the meal.	2 Say not to bother. You have eaten it.
3 Say you will speak to the chef and offer a complimentary bottle of wine.	3 Thank the waiter.

C Regardez les réclamations ci-dessous et, en écoutant la cassette, notez en anglais les solutions proposées aux clients par le Maître d'Hôtel.

RÉCLAMATION	SOLUTION
1 A dirty knife.	
2 Gravy spilt on the customer's wife.	
3 The wrong order has been served.	
4 The soup is cold.	
5 The customer had to wait for a table.	
6 The service has been awful.	

TÂCHE 3

Vous travaillez comme Maître d'Hôtel dans un restaurant. Imaginez vos réponses aux réclamations suivantes. Enregistrez-vous sur votre cassette personnelle ou jouez le rôle avec un(e) partenaire.

- Le client a dû attendre 20 minutes pour son plat principal.

- La viande était trop cuite et les légumes n'étaient pas assez cuits.

- Le vin n'était pas chambré.

- La nappe était sale et il n'y avait pas de condiments.

Performance Criteria

Speaking

S2.3   You are expected to react appropriately and using the right register to simple complaints from clients.

Range: Operational work matters and problems

Type of opinion: Simple evaluations and simple predictions

Context: Routine work situations

Mode of communication: Face-to-face

Performance evidence: Audio or video recording of the task

If this task is carried out in pairs only the person responding to the complaints made should be assessed.

TÂCHE 4
PRÉPARATION

A *Quelques desserts*

Vous allez entendre des descriptions de quelques desserts. Voici quelque mots clés pour vous aider à mieux comprendre.

à l'envers	*upside-down*	placés en couronne	*placed in a circle*
un fond de pâte	*a pastry base*	fourrées de	*filled with*
la crème anglaise	*custard*		

Maintenant écoutez la cassette et écrivez en anglais les descriptions qui correspondent aux plats mentionnés ci-dessous.

a   Crêpes Georgette
b   Île flottante
c   Tarte tatin
d   Gâteau St Honoré

B *Regardez la carte des desserts*

les Remparts
HÔTEL**·RESTAURANT

LA CRÉATION ET LA RÉALISATION DE NOS DESSERTS PAR LE CHEF DOMINIQUE GEST

MENU À 78 F VOTRE CHOIX

LA CRÈME CARAMEL

LA MOUSSE AU CHOCOLAT

L'ŒUF À LA NEIGE

LA COUPE DE FRUITS

LA COUPE DE GLACE (2 BOULES AU CHOIX)

NOTRE CARTE
supplément

LE NOUGAT GLACÉ	20 F
LA MARQUISE AU CHOCOLAT	20 F
LA CRÈME BRÛLÉE À LA CASSONADE	15 F
LES PROFITEROLES AU CHOCOLAT CHAUD	22 F
LA TARTE NORMANDE ARROSÉE DE CALVADOS	22 F
LA COUPE ANTILLAISE (RAISIN AU RHUM)	16 F

87

Vous allez écouter un dialogue entre le serveur et ses clients, les Juppé. Avant d'écouter la cassette, voici quelques mots clés pour vous aider à mieux comprendre.

c'est à dire	*that is to say*
vous avez quels parfums?	*what flavours do you have?*
pistache	*pistachio*

Écoutez la cassette et pour les affirmations qui suivent, cochez **Vrai** ou **Faux**.

	VRAI	FAUX
1 'L'œuf à la neige' is a meringue floating on cream.		
2 Mme Juppé likes meringues.		
3 Mme Juppé chooses the chocolate mousse.		
4 There are four flavours of ice-cream available.		
5 M. Juppé chooses vanilla and pistachio flavoured ice-cream.		

C Maintenant écoutez la cassette de nouveau et puis jouez le rôle du client/serveur avec un(e) partenaire en utilisant la carte des desserts page 87.

Partenaire A	**Partenaire B**
1 Ask if the customer has chosen.	1 Ask about the Crème Brûlée à la Cassonade.
2 Say it is made with brown sugar.	2 Say you don't like brown sugar and ask about the tarte Normande. Ask what Calvados is.
3 Say that it is a spirit made from apples.	3 Say you will have that and that your friend will have the profiteroles.
4 Repeat the order and thank the customer.	

TÂCHE 4

Vous travaillez dans un restaurant en Angleterre. Vous servez un groupe de clients français. Vous leur présentez la carte des desserts ci-dessous. Quand ils sont prêts à passer leur commande vous devrez être prêt(e) à leur expliquer en quoi consistent les plats.

Sweets

* ***** Summer Pudding

* ***** Peach Melba

* ***** Sherry Trifle

* ***** Lemon Syllabub

* ***** Strawberry Cheesecake

* ***** Selection of Cheeses

Performance Criteria

Speaking

S2.2   You are expected to give information about the items on the menu.

Range:	Familiar operational problems
Context:	Work
Mode of communication:	Face-to-face
Performance evidence:	Audio or video recording of the task and correct notation of the order placed

This task is best carried out in pairs or in groups but only the person playing the role of the waiter/waitress should be assessed.

TÂCHE 5
PRÉPARATION

A *Service en chambre*

Regardez la liste des plats qui peuvent être commandés dans les chambres de l'Hôtel des Voyageurs et essayez de trouver le plat qui correspond à la description donnée en anglais.

<u>Service en Chambres</u>

* Pâté de truite fumée

* Croustades d'oeuf brouillé

* Omelette   au jambon
                au fromage
                aux champignons

* Croque-monsieur

* Croque-madame

* Courgettes farcies

* Poulet piquant

* Légumes au curry

* Potage fermier

---

1   vegetables in curry sauce
2   farmhouse soup
3   toasted cheese and ham sandwich
4   spicy chicken
5   smoked trout pâté
6   toasted cheese and ham sandwich topped with a fried egg
7   stuffed courgettes
8   scrambled egg on toast
9   omelette (ham, cheese, mushroom)

B Écoutez maintenant les conversations entre un employé du service de restauration de l'hôtel et des clients qui commandent ces plats, et prenez-en note.

	CLIENT(E)	NUMÉRO DE CHAMBRE	COMMANDE	AUTRES DÉTAILS
1				
2				
3				

C *Maintenant à vous!*

Jouez le rôle du client/employé avec un(e) partenaire en suivant l'exemple des dialogues que vous venez d'écouter. Pour vous inspirer, utilisez la liste des plats de la section A, ou bien trouvez d'autres plats!

TÂCHE 5

Vous travaillez au service de restauration dans un hôtel anglais. Vous recevez deux appels de clients français qui veulent commander quelque chose à manger du service en chambre. Utilisez la liste des plats à la page suivante.

Quand vous parlez aux clients n'oubliez pas de:

- décrocher et répondre correctement
- demander leur nom et le numéro de leur chambre et d'en prendre note
- noter le plat commandé
- vérifier la commande et les coordonnées du client
- dire au client quand le plat sera servi

Performance Criteria

Speaking
S2.2 Give information and respond appropriately to queries.

Range: Work activities

Context: Work

Mode of communication: Telephone

Performance evidence: Audio recording and correct notation of the order

Listening

L2.1   You are expected to understand simple requests about services provided or available.

Range: Telephone speech

Type of information: Simple requests for service and information

Action taken: Notation of the order placed

Performance evidence: Audio recording and written evidence

This task is best carried out in pairs but only the person taking the order should be assessed. Written evidence of the order and the customer's details is required.

Express Snacks

New York B.L.T.   £3.75

The classic American triple decker sandwich, grilled bacon, sliced tomato, crispy lettuce and mayo in a toasted triple decker. Served with a mini portion of fries.

All American Hot Dog   £2.95

Large pork sausage, smothered in fried onions, in a fresh torpedo roll. Served fries

Cheese and Bacon Burger   £3.25

Prime 4 oz. beef burger topped with melted cheese and bacon in a tasted bun. Served with fries

Cheese Quesadilla   £2.95

Flour tortilla stuffed with tangy mature cheese, salsa and jalapeno peppers, folded and lightly grilled.

Mini Chill Hot Pot   £2.95

A smaller portion of our house chilli, served with garlic bread.

Unité Six

6 LA CONFÉRENCE ANNUELLE

Scenario

The Conference Manager of your hotel has signed a contract for a two-day event for 60 people, with a formal meal in the evening of the first day. The client has chosen the menu and you are a member of the team preparing the meal.

Before the event, some special products and wines have to be ordered.

Your assignment is:

to telephone various suppliers to obtain information about the availability, prices and delivery of some products for a one-off order; to place an order by telephone (to then be confirmed in writing); and to receive delivery of some of the goods.

You will be presented with all the material necessary to carry out these tasks, and this unit may be completed in teams of three or four people.

The tasks are outlined below. There will be a preparation phase before each task to help you acquire the vocabulary and confidence to carry out the instructions.

Tasks

1   Ring some food suppliers to enquire about some specific products or ingredients, their availability on the date of the formal meal, the prices and delivery to your restaurant.
2   Take some messages from wine companies describing their products and suitability for your menu.
3   Place an order by telephone for one or several of the above.
4   Check goods on delivery and express satisfaction or dissatisfaction with the goods, the packaging, the order or the delivery.

Notes

1   The four tasks are to be carried out using **French** as a means of communication, evidence of completion will be required for all tasks.

2   The speaking part of each task should be recorded on an audio cassette and kept as evidence.

3   The performance criteria for each task are detailed with the instructions for the task.

4   Do not underestimate the use of the preparation part for each task. Some of the main language activities required for the successful completion of the actual task are undertaken during that phase. If you miss this practice, you may find the task impossible to achieve! Don't forget: practice makes perfect! 'Bon travail et bonne chance!'

Mandatory unit match

Unit 6   Purchasing, costing and finance
Element 6.2   Investigate purchasing (PC 1, 2, 3).

TÂCHE I

PRÉPARATION

A *Acheter des pommes de terre*

Une conversation avec le grossiste en fruits et légumes.

Les questions à poser.

Étudiez les questions ci-dessous.

Avez-vous   *du* persil?

de la salade?

des tomates?

de l' ail?

Maintenant, exercez-vous à demander à un(e) partenaire si il/elle a les suivants:

a   b

c   d

e   f

Quand en aurez-vous?

Apprenez les mots pour exprimer la distance dans le temps ci-dessous.

aujourd'hui	*today*	demain	*tomorrow*
après-demain	*the day after tomorrow*	dans deux jours	*in two days' time*
dans un mois	*in a month's time*		

Combien?

Ils/elles coûtent/font   combien   le kilo?

la livre?

la botte?

le paquet?

la douzaine?

les cent?

la caisse?

la boîte?

le carton?

le plateau?

Étudiez la liste de questions ci-dessus et devinez ou cherchez dans un dictionnaire la traduction des mots exprimant la quantité.

À vous maintenant!

Avec un(e) partenaire, créez une conversation pour utiliser ces questions.

Partenaire A	Partenaire B
1 Ask if s/he has any strawberries.	1 Say no, not today.
2 Ask when s/he will have some.	2 Say in two or three days.
3 Ask how much they cost per pound.	3 Say 7F.

Refaites maintenant d'autres conversations similaires avec un(e) partenaire, en changeant les produits, les dates et les prix par quantité.

B Conversation avec le marchand de légumes

Voici quelques mots pour vous aider à mieux comprendre.

j'en aurai	*I'll have some*	essayer	*to try*
il me les faut	*I need them*	mettez-m'en	*give me some*
livrer	*to make a delivery*		

Écoutez la conversation, puis répondez aux questions ci-dessous.

1 Quelles pommes de terre veut-elle et pourquoi?
2 Quand a-t-elle besoin des pommes de terre?
3 Quel est le problème?
4 Combien coûtent les pommes de terre?
5 Qu'est-ce que la cliente commande?

C À vous maintenant

Avec un(e) partenaire, imitez la conversation ci-dessus. Utilisez le tableau des pommes de terre de la semaine pour demander des renseignements sur la disponibilité des pommes de terre suivantes.

1 Pommes de terre Bintje / pour purée / pour demain
2 Belles de Fontenay / pour cuire à la vapeur / aujourd'hui
3 Roseval / pour faire en gratin / dimanche

Jour de Marché

	Potage	Purée	Pommes vapeur	Salade	Pommes rissolées	Gratin	Frites
Belle de Fontenay			🥄	🥄	🥄		
BF 15			🥄		🥄	🥄	
Bintje	🥄	🥄					🥄
Charlotte			🥄	🥄	🥄		
Estima	🥄	🥄					🥄
Ratte			🥄	🥄	🥄		
Roseval			🥄	🥄		🥄	

TÂCHE I

LE MENU DU BANQUET

Homard à la mayonnaise à l'estragon
***
Rôti de bœuf aux cèpes et aux pommes rissolées
***
Salade fraîche
***
Fromages régionaux
***
Vacherin aux fruits de la forêt
***
Café – liqueurs – petits fours

Vous préparez le banquet. Le premier plat est du homard. Téléphonez à trois fournisseurs de poissons pour assurer qu'ils peuvent livrer 30 homards vivants jeudi après-midi et comparer leurs prix. Puis, faites part des renseignements obtenus au reste de l'équipe.

Vous téléphonerez aux trois poissonniers suivants:
– **La Coquille Nacrée à Boulogne sur Mer**
– **Le Marinier à Escale**
– **Au Bon Châlut à Outreau**

À chaque appel:

- Présentez-vous et votre restaurant.

- Demandez s'il y a des homards (30).

- Demandez s'ils peuvent livrer ce nombre jeudi après-midi.

- Si oui, demandez le prix.

- Si non, demandez combien ils peuvent livrer.

- Dites que vous allez discuter avec le chef de cuisine.

- Dites merci et prendre congé.

Vous prendrez note des réponses obtenues, puis expliquerez à l'équipe quel fournisseur vous allez choisir et pourquoi.

J'ai choisi: _____

Parce que: _____

Je n'ai pas choisi: _____

Parce que: _____

Performance Criteria

Listening

L2.2   You will be expected to obtain precise factual information of a routine work type over the telephone, and to take action following this information.

Range:	Telephone speech
Type of communication:	Simple factual information of a routine nature
Action taken:	Note-taking
Performance evidence:	Written evidence collected

Speaking

S2.2   You will have to deal with familiar operational problems over the telephone. You may have to request clarification or explanations and the evidence of your comprehension will be assessed through the relay of the information obtained to others.

Range:	Work activities and familiar operational problems
Context:	Work

Mode of communication: Telephone

Performance evidence: Recording of the conversation and written evidence of comprehension

The assessor will play the part of the food suppliers, or the conversation can be conducted between two trainees, but only the caller will be assessed for this task.

TÂCHE 2
PRÉPARATION

Vous devez décider quel vin servir avec votre plat de résistance, le rôti de bœuf.

A *Les vins de France*

La France a de nombreuses régions viticoles (qui produisent du vin). Pouvez-vous remettre sur la carte, les célèbres vins français ci-dessous?

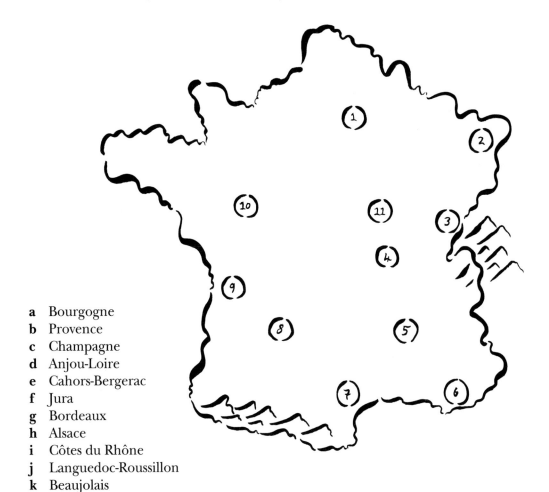

a Bourgogne
b Provence
c Champagne
d Anjou-Loire
e Cahors-Bergerac
f Jura
g Bordeaux
h Alsace
i Côtes du Rhône
j Languedoc-Roussillon
k Beaujolais

Appellations

Regardez les étiquettes aux pages suivantes, faites la liste des appellations et trouvez la définition des appellations et leur sens.

- *Exemple:* VDQS   un vin délimité de qualité supérieure
  (Best wine – strict controls)

- _____

- _____

- _____

- _____

- _____

CHATEAU
MAURENS

Saint-Emilion Grand Cru
Appellation Saint-Emilion Grand Cru Contrôlée

MIS EN BOUTEILLE AU DOMAINE
S.A.C.F A SAINT-CHRISTOPHE-DES-BARDES - GIRONDE - FRANCE
PRODUCE OF FRANCE
1992

750 ml ℮
Alc.12,5% vol.

CUVÉE   PRESTIGE

Cabernet Sauvignon

FRANÇOIS DULAC
VIN DE PAYS D'OC - VIN DE TABLE FRANÇAIS

France
12% vol   1995   ℮ 75 cl
MIS EN BOUTEILLE PAR FRANÇOIS DULAC
67290 Petersbach France
PRODUCT OF FRANCE

B *Quel vin servir avec quel plat?*

Écoutez ce cours sur les vins et notez les renseignements utiles.

1 What is the rule concerning what wine goes with what dish?
2 What types of wine are served first?
3 Which foods do not go with **any** wine?
4 What wine would you serve if you only wanted one wine with a meal?
5 Give two types of wine which could be served with seafood or other starters.
6 What wine would you serve with:
    a roast beef
    b meat stew
    c French cheeses
7 What wine could you serve with desserts?
8 When do you serve Champagne?

Température pour servir le vin

Mettez les vins ci-dessous dans la case du tableau qui leur convient puis vérifiez vos réponses dans le corrigé et apprenez le vocabulaire.

FRAPPÉ 0 à 5°C	TRÈS FRAIS 5 à 8°C	FRAIS 10 à 12°C	CHAMBRÉ 14 à 16°C	TEMPÉRATURE AMBIANTE 16 à 18°C

Bordeaux rouge   Champagne   rosé

rouge vieux   blanc sec   blanc moelleux

rouge léger   vin de pays rouge   blanc de Bourgogne

Vins et plats

Donnez à chaque plat le vin ou les vins qui lui conviennent. Quel est le vin le plus versatile de la liste ci-dessous?

a	côte d'agneau	**1**	Alsace
b	hors d'œuvres	**2**	Bourgogne blanc
c	viandes grillées	**3**	Rouge corsé
d	viande blanche/poulet	**4**	Muscadet
e	gibier à plumes	**5**	Entre-Deux-Mers
f	fromage	**6**	Sauternes
g	pâté	**7**	Rosé d'Anjou
h	fruits de mer	**8**	Bordeaux rouge
i	bœuf	**9**	Bourgogne rouge
j	desserts	**10**	Côtes du Rhône
k	huîtres	**11**	Brouilly
l	gibier à poil	**12**	Beaujolais
m	poissons	**13**	Vin de pays rouge
n	canard		
o	entrées chaudes		

Attention! Il peut y avoir plusieurs solutions.

C *Les cépages et descriptions des vins*

Lisez les étiquettes ou descriptions de vins ci-dessous, placez les adjectifs décrivant le vin dans la colonne qui convient, puis cherchez le sens des mots dans le dictionnaire.

1

ROUGE 90

1° DOMAINE FONT DE MICHELLE
Robe rouge foncée avec des reflets violacés. Le nez est évolué, puissant, très concentré avec des arômes de truffe et de sous bois. En bouche, il est puissant et ardent avec une belle structure et une belle concentration. gras, typé, il possède un bon potentiel de vieillissement. Très bonne finale.
17/20

2

BLANC 94

1° CLOS MONT OLIVET
Une robe paille claire avec des nuances vertes. Le nez est intense et contient des fines notes de miel, des épices, de la poire, des genêts. un beau volume, une belle ampleur donnent une expression fine et moelleuse qui se termine sur du fruit et une note florale. Belle longueur en bouche. Notre préféré. **16,5/20**

4

4° CLOS SAINT JEAN
Couleur grenat brillant. Nez intense avec des notes de réglisse, de torréfaction et de sous bois. Un vin déjà ouvert avec une bouche délicate, équilibrée et concentrée. Matière douce et mûre avec de beaux tanins serrés et du fruit. Une belle longueur. **14,2/20**

3

1993

GRANDS CRUS CLASSES

SAINT EMILION

DEGUSTATION
(à l'aveugle les 22 et 23 mai 95)

Avec 18/20
Château l'Angélus - Très sombre, avec un nez hyper mûr, de cassis, vanille, épices, une bouche ample et très bien bâtie sur des tanins gras, avec un fruité profond et une superbe rémanence aromatique. *33330 Saint Emilion - Tel 57 24 71 39* .

	ROBE (COULEUR)	NEZ (ODEUR)	BOUCHE (GOÛT)
1			
2			
3			
4			

Combien de cépages avez-vous identifiés dans ces vins? Combien de fois chacun est-il mentionné?

TÂCHE 2

 Pour vous aider à choisir le vin à servir pour votre plat principal, le rôti de bœuf aux cèpes et aux pommes rissolées, écoutez les renseignements offerts par trois producteurs de vin sur leur produit.

2

CHATEAU FORTIA

La renommée du Château FORTIA ne date pas d'hier. Propriété du Baron P. Le ROY de BOISEAUMARIE, sur-nommé "Le premier vigneron du monde" par le gotha international, le Château Fortia étale ses 30 ha de vignes en côteaux ensoleillés, en plein cœur de l'appellation "Chateauneuf du Pape". Fidèle à la tradition ancestrale, les anciens cépages, tout comme certaines méthodes ancestrales (Tri des raisins à la main) y ont été amoureusement préservés.

Ainsi, le Château Fortia, fer de lance de l'appellation, a su conserver cette place de choix, gage d'authenticité et de qualité.

Les vins rouges, élaborés avec Grenache, Syrah et Mourvèdre sont riches en arômes complexes oscillant de la prune au cassis et aptes à vieillir, en cave, plusieurs années . Ils font merveille sur les viandes rouges, rôtis, gibiers et fromages un peu relevés.

CHATEAU FORTIA
84230 CHATEAUNEUF DU PAPE
Tél : 90 83 72 25 - Fax : 90 83 51 03

1

SINCÈRE, SENSUEL, SURPRENANT

Cultivé sur les terrasses du Lot ou sur les plateaux du Causse, le Cot ou Auxerrois ou Malbec est le cépage principal du Cahors. Il doit représenter 70% de l'encépagement total et confère au Vin de Cahors ses tannins, sa robe grenat et son aptitude au vieillissement. Deux cépages complémentaires, dans une proportion maximale de 30%, viennent s'ajouter au Cot : le Merlot Noir et le Tannat.

Sincère, un vin de Cahors jeune, légèrement tannique accompagnera foies gras, viandes en sauce et charcuteries.

Sensuel, un vieux vin de Cahors aux parfums subtils, aux goûts complexes et raffinés se mariera avec les truffes, les viandes rouges accompagnées de cèpes et les gibiers.

3

CHATEAU BERNATEAU

Située sur une des meilleures côtes de la région, cette propriété est exploitée de père en fils par la famille Lavau depuis plus de deux siècles. C'est un vin de côte de haute expression, à l'image d'un "Saint Emilion grand cru". La production moyenne de 80 tonneaux est entièrement mise en bouteilles au château. De nombreuses médailles dans les différentes expositions sont venues récompenser tous ces efforts. Visite des chais et du vignoble sur rendez-vous.

CHATEAU BERNATEAU 90
Saint-Emilion Grand Cru

La robe est d'un beau rouge cardinalice. Arômes de fruits rouges surmûris avec des connotations de pain grillé et de miel. Superbe produit avec un excellent équilibre. Les tanins sont encore présents mais discrets. Superbe vin de garde que l'on peut boire dès maintenant.

Tél : 57 40 18 19 - Fax : 57 40 27 31
Mr et Mme régis Lavau, Château Bernateau, 33330 Saint-Etienne-de-Lisse.

CARACTÉRISTIQUES	CONSEILS	TEMPÉRATURE
1 Les vins de Cahors.		
2 Le Châteauneuf-du-Pape. Château Fortia.		
3 St-Émilion.		

Puis faites votre choix en le justifiant.

Je choisis le: _____

Parce que: _____

Performance Criteria

Listening

L2.2 You will hear simple factual technical information recorded from the speech of various people. You will then have to choose an item according to the information received and communicate your decision to others.

Range: Pre-recorded speech

Type: Factual and simple technical information about wine

Action taken: Action by self: decision of purchase to be made

Performance evidence: Notes taken and justification of choice in an oral statement

Speaking

S2.3 You will express your opinion on a matter of shared work interest. Your decision will be of an operational nature. To do so, you will be expected to have made a simple evaluation of quality in a routine work context. The communication to others will be face-to-face and the evidence can be recorded or monitored by the assessor.

Range: Matters of shared work interest and operational matters

Type: Likes, dislikes, preferences and simple evaluation of quality

Context: Routine work activities

Mode of communication: Face-to-face

Performance evidence: Recording of the conversation

TÂCHE 3

PRÉPARATION

A *Passer une commande par téléphone*

Offrir et conseiller

je vous propose . . .	*I suggest . . .*	je vous conseille . . .	*I advise you to . . .*
je vous recommande . . .	*I recommend . . .*
pourquoi pas . . . ?	*why not . . . ?*	je vous recommande . . .	*I recommend . . .*
essayez . . .	*try . . .*		

Les prix

c'est combien? ça fait combien?   *how much is it?*

c'est cher/c'est bon marché	*it's expensive/cheap*
le prix est intéressant	*the price is good*
c'est avantageux	*it's a good offer*
c'est en promotion	*it's on special offer*
c'est une offre spéciale	*it's a special offer*

Avec un(e) partenaire, demandez ou proposez des articles courants.

Exemple: **A** Vous avez des pommes de terre?

  B Oui, je vous propose les Bintje, elles sont en promotion.

Continuez et faites au moins cinq exemples.

Le poissonnier téléphone
Écoutez la cassette et remplissez la grille ci-dessous en anglais.

LE POISSONIER PROPOSE?	LE CHEF COMMANDE?	COMBIEN?
Dover sole	Yes	5kg

Jeu de rôle:
Jouez le rôle du responsable des commandes dans un restaurant et répondez au téléphone.

– Allô, ici la boucherie Jeanlard, M./Mme. Leroux?
– *Say who you are and greet the caller.*
– Qu'est-ce qu'il vous faut aujourd'hui?
– *3kg of lamb chops, 5 chickens. Do they have anything else to recommend?*
– J'ai du foie de veau à un prix très intéressant et de l'agneau de Nouvelle-Zélande très bon marché.
– *Order some calf liver (4kg) but say that you'd prefer fresh lamb.*
– Non, je suis désolé(e), je n'ai que du congelé cette semaine, c'est encore trop tôt.
– *Ask if s/he doesn't have black pudding (du boudin).*
– Si bien sûr, j'en ai du tout frais, fait hier. Vous en voulez combien?
– *About 5 or 6kg if possible.*
– Entendu. Et c'est tout?
– *No, you'd like some marrow bones (os à moelle) to make stock (du bouillon).*
– Bien, j'en ajouterai.

– *Thank her/him and say that you'll see her/him soon.*
– À tout à l'heure, au revoir.

B *Les prix et conditions de livraison*

Voici quelques mots de vocabulaire pour vous aider à mieux comprendre.

une société/une maison	*a firm*	le port	*carriage*
le prix	*price*	livrer/livraison (f)	*to deliver/delivery*
une remise	*discount*	une facture	*invoice*
une commande	*an order*	régler	*to settle (an account)*
en gros	*wholesale*	l'offre	*offer*
une prime de fidélité	*a loyalty bonus*	monter/augmenter	*to increase*

Lisez le texte ci-dessous en écoutant la cassette et complétez le texte avec les mots manquants.

Notre . . . . . . emploie dix personnes. Lorsqu'un client passe une . . . . . . , il demande si le . . . . . . inclut la TVA.

Quand c'est une grosse commande, nous accordons une . . . . . . de 5% plus une . . . . . . à nos clients réguliers.

Nous . . . . . . la marchandise par rail, mais le . . . . . . est payé par le client. Quand la demande excède . . . . . . , les prix . . . . . .

C *Jeu de rôle*

Téléphonez à un fournisseur (supplier) pour commander des confitures en suivant les indications suivantes. Votre partenaire joue le rôle du fournisseur.

Partenaire A	Partenaire B
1 Introduce yourself.	1 Greet the caller.
2 Ask if raspberry jam is available.	2 Say that you have three sizes (1/3/5kg) in tins.
3 Ask if it is pure fruit.	3 Give appropriate answer.
4 Ask the price for one of the sizes.	4 Give a price in francs.
5 Ask if there are discounts.	5 Offer 5% for orders of 50kg or more.
6 Ask if they can deliver soon.	6 Say when next delivery in town is.
7 Say that you will fax the order today.	7 Thank for order and take leave.

D *Les prix*

Écoutez les prix donnés sur la cassette et remplissez la grille ci-dessous.

	ARTICLE	PRIX	UNITÉ
1			
2			
3			
4			
5			
6			

TÂCHE 3

Pour cette tâche, vous avez à répondre à un appel téléphonique et en faire un vous-même.

1   Votre boucher vous téléphone comme chaque jour pour prendre la commande pour le lendemain. En plus de la liste ci-jointe laissée par le chef, vous devez penser à commander le bœuf pour votre banquet.

En préparant votre conversation, pensez à la quantité et qualité de bœuf que vous devez commander.

Liste des viandes pour demain

- Côtes de porc (18 ou 20)
- steak haché (5 kgs)
- Rognons d'agneau (3 kgs)
- Saucisse pur porc (5 kgs)
- Rôtis de veau (4)

2   Vous téléphonez à un caviste pour demander des renseignements sur plusieurs types de vins (au moins trois parmi les cinq ci-dessous). Pour cette tâche, vous pouvez utiliser les documents fournis pour poser vos questions. Ne posez pas de questions si la réponse n'est pas dans la documentation.

Pensez à demander des détails concernant:
la description du vin
les cépages
les meilleures années
le prix à la caisse de six bouteilles

CAVE COOPERATIVE DE CORCONNE
SCA "LA GRAVETTE"
30260 CORCONNE
Tél : 66 77 32 75 - Fax : 66 77 13 56
Terroir : Gravette calcaire d'origine glaciaire sur argile rouge. Cépage : syrah 50 % Grenache 30 % cinsault 20 %. Vinivication : obtenu par saignée. Médaille d'or concours paris 1994 pour le 1993. Grand prix Vinalies bordeaux 1994 pour le 1993. Médaille d'or concours Paris 1995 pour le 1994. Expédition Franco dans toute la France.Prix départ cave 18 F

CHATEAU LA COLONNE
A.O.C. Lalande Pomerol
rouge 1993
☆☆
Robe rubis rouge. Nez plein avec des notes de sous bois et fruits rouges. Gouleyant, élégant, des tanins présents qui doivent mûrir, belle longueur, bien équilibré, doit évoluer, finale de zan, très beau produit. A essayer avec du fromage à pâte molle, et des viandes rouges.
EARL NICOUX - 33500
LALANDE POMEROL

Ce chorey-lès-beaune 1993 du domaine Maldant fera merveille frais avec une grillade ou chambré avec une volaille. Bien équilibré et rond en bouche, d'un rouge dense, avec un parfum de fruits rouges, voici un bourgogne de grande classe. Vieilli dix ans. 57 F (par 12 bouteilles). Jean-Luc Maldant, 21200 Chorey-lès-Beaune. Tél. : 80.24.19.50.

Le château de Juliénas 1993, superbe, est au mieux de sa forme. Nerveux et charpenté, avec des senteurs de pivoines et des arômes de fruits rouges. A boire à 17°, avec terrines et viandes rôties. Se garde de trois à quatre ans. Prix : 41,50 F la bouteille (498 F franco de port, les 12). François Condemine, 69840 Juliénas. Tél. : 74.04.41.43.

DOMAINE D'ALZIPRATU
AOC Corse Calvi
Rouge 1993
☆ ☆ ☆

Robe vermeil claire. Au nez des parfums de maquis, de pins et de figues. En bouche des tanins encore présents, souple, élégants avec une belle longueur, des fruits rouges à dominante de cerises.
Idéal avec des charcuteries corses et du patit gibier à plumes (grives, merles etc...)
Mr Acquaviva
20214 ZILIA
Tél : 95 62 71 07

Performance Criteria

Speaking

S2.2 You are asked to show the ability to initiate and answer telephone calls dealing with routine and non-routine work activities. You will be expected to make requests of a simple technical nature, using the appropriate vocabulary, polite forms and asking for clarification or explanations.

Range:	Familiar work activities
Context:	Work
Mode of communication:	Telephone
Performance evidence:	The conversations should be recorded

The assessor will be the interlocutor during the conversations.

TÂCHE 4

PRÉPARATION

 A *Livraisons et entreposage*

Voici quelques mots pour vous aider à mieux comprendre.

vérifier	*to check*	un entrepôt	*storeroom*
un bon	*a note/docket/form*	entreposage	*storing*
l'état	*the condition*	endommager	*to damage*
un lieu	*a place*	effectuer	*to carry out*

Écoutez maintenant les instructions pour le stockage des marchandises, et expliquez brièvement, **en anglais**, les six étapes à suivre pour la réception des marchandises pour la cuisine.

1 _____

2 _____

3 _____

4 _____

5 _____

6 _____

B Dans le tableau ci-dessous, complétez maintenant les noms ou les verbes manquants.

VERBE	NOM
1 livrer	la livraison
2 vérifier	
3	l'utilisation
4	l'entreposage
5	la consommation
6 porter	
7 endommager	
8 ranger	
9	la procédure
10	l'opération
11	la documentation

Maintenant, reprenez les verbes ci-dessus et donnez des ordres à un apprentis en faisant des phrases comme dans l'exemple ci-dessous.

• Vérifiez la livraison!

Faites au moins six phrases sur ce modèle.

C *La vérification des marchandises*

Étudiez la liste d'actions à faire à la page suivante pour vérifier l'arrivage des marchandises et indiquez à côté de chaque aliment les actions nécessaires pour chaque type de produit. Puis vérifier vos réponses dans le corrigé et apprenez le vocabulaire.

Actions à faire

a	vérifier le poids	**h**	vérifier la couleur
b	vérifier la fraîcheur	**i**	vérifier la forme
c	vérifier la nature	**j**	endommagé ou non?
d	vérifier la préparation	**k**	température à l'arrivée
e	vérifier l'odeur	**l**	nombre d'unités
f	vivant ou mort?	**m**	fermeture des emballages
g	mûr ou non?		

	ALIMENTS	ACTIONS NÉCESSAIRES
1	poisson	a b c e f h j
2	poisson	crustacés
3	viande fraîche	
4	fruits	
5	légumes frais	
6	champignons	
7	œufs	
8	pain et biscuits	
9	produits laitiers	
10	produits surgelés	
11	conserves	
12	marchandises en sacs ou en paquets	

D *La livraison n'est pas satisfaisante*

Écoutez et lisez la conversation ci-dessous entre un livreur et un employé qui reçoit les marchandises.

LIVREUR: Voici votre livraison.

EMPLOYÉ: Je vérifie sur la commande et le bon de livraison. Nous attendons des poulets frais, des <u>dindes</u> surgelées, des œufs, de la farine, des plats préparés frais et des <u>escargots</u> surgelés.

LIVREUR: Trente poulets frais . . .

EMPLOYÉ: Oui, <u>le compte y est</u>, c'est bien ça.

LIVREUR: Dix plateaux de quatre douzaines d'œufs . . .

EMPLOYÉ:	Ils sont tous de la même date? . . . oui, c'est bon, ils sont bien frais.
LIVREUR:	Une douzaine de dindes surgelées.
EMPLOYÉ:	Attendez que je vérifie la température.
LIVREUR:	Elles sortent directement du <u>camion frigorifique</u>, il ne doit pas y avoir de problèmes, et voilà les escargots.
EMPLOYÉ:	Il y a beaucoup trop de <u>glace</u> sur ces <u>emballages</u>, et regardez, les cartons sont <u>mous</u>; ils ont été dégelés et regelés, non, je ne peux pas accepter ça.
LIVREUR:	Bon, je les reprends et on le barre sur la commande. Vous devrez signer le <u>bon de renvoi</u>.
EMPLOYÉ:	Et il manque les quarante plats préparés assortis.
LIVREUR:	Non, les voilà. C'est tout, je crois?
EMPLOYÉ:	Oui, et n'oubliez pas de vérifier les escargots la prochaine fois.
LIVREUR:	Sûrement qu'il y a un problème de stockage quelque part dans la chaîne du froid.

Dans le texte, certains mots sont soulignés; cherchez la traduction dans le dictionnaire, ré-écoutez la cassette, puis, avec un(e) partenaire, relisez le texte pour pratiquer votre lecture.

Jeu de rôle

Avec un(e) partenaire, préparez une liste de marchandises à livrer, puis en utilisant le tableau de la section C, jouez une conversation sur le modèle de celle que vous venez de lire et d'écouter.

TÂCHE 4

Vous recevez les deux livraisons spéciales pour votre banquet, plus une livraison de produits secs d'un grossiste en épicerie.

Dans chaque cas, vous devez vérifier ce qui a été commandé (voir Tâches 1 et 2), et recevoir la livraison.

Malheureusement, c'est une mauvaise semaine, et dans chaque cas, il y a un problème! Vous devrez le résoudre avec le livreur.

Vous pouvez sélectionner un problème de votre choix, mais si vous manquez d'inspiration, nous vous suggérons:

• *Le marchand de légumes (livraison de pommes de terre)*
  Le poids ou la variété des pommes de terre sont incorrects. Demandez une livraison supplémentaire urgente.

• *Le poissonnier (homards et crevettes surgelées)*
  La température des crevettes surgelées est trop élevée et certains homards sont morts. Refusez les marchandises. Exigez un remplacement immédiat et une compensation financière.

- *Le grossiste en épicerie (conserves, épices, farine, sucre etc)*

Certaines boîtes sont bombées ou des cartons sont endommagés. N'acceptez que les marchandises parfaites et changez la documentation.

Performance Criteria

Speaking

S2.3   You are expected to conduct conversations regarding operational work matters. You will have to make evaluations of quality and take action. The conversations should be conducted in a manner appropriate to the situation (polite, professional). You will be expected to use language which is clear to others and to be ready to clarify what you say if necessary.

Range:	Matters of work interest of an operational nature
Type:	Evaluation of quality and procedures
Context:	Routine work situations
Mode of communication:	Face-to-face
Performance evidence:	Recording of the conversations

The assessor will play the role of the interlocutor in each conversation, and the conversations may be conducted in a real or simulated work context.

PRÉSENTER SON ÉTABLISSEMENT

Scenario

You are a student on a hospitality and catering course in Britain. Your assignment is:

to make a presentation of the conference facilities offered by your establishment to a number of French-speaking clients.

To this effect you will be provided with the relevant material to carry out the tasks requested, but if you prefer to do your own research you may do so.

The tasks are outlined below. Before you are requested to do each task, there will be a preparation phase to help you acquire the language you need to carry out the instructions.

Tasks

1 Give a presentation of the accommodation and conference facilities offered by your establishment.
2 Give a one-to-one presentation on the equipment and facilities available in one of your conference suites.
3 Present the tariff rates of your conference facilities together with the terms and conditions of booking.
4 Give an informal presentation on the cultural and leisure amenities in your own area of Britain.

Notes

1 These tasks are to be carried out using **French** as a means of communication. Evidence of completion will be required for each task.
2 The performance criteria for each task are detailed with the instructions for the completion of the task.
3 The preparation part of the task, although not assessed in itself, is essential if you want to carry out the tasks in the most effective manner. You are provided with useful vocabulary and sentence constructions to give you the practice necessary to gain confidence in using French for the purpose required.

Mandatory unit match

Unit 7   Accommodation operations

Element 7.1   Investigate types of accommodation and accommodation services (PC 2, 5).

Element 7.2   Investigate the physical resources required to provide accommodation services (PC 1, 2).

TÂCHE I
PRÉPARATION

 ### A *M. Hubert fait une présentation*

Vous allez entendre M. Hubert, Directeur des Conférences de l'Hôtel de l'Abbaye, faire unc présentation sur son hôtel à la direction de Superfrance, une entreprise qui cherche à trouver un établissement pour une série de séminaires de formation. M. Hubert commence par donner des informations générales sur son hôtel et vise à montrer quelques avantages que présente son établissement.

Voici quelques mots pour vous aider à mieux comprendre.

vous aurez l'opportunité	*you will have the opportunity*
au cours d'une conférence	*during a conference*
un manoir du quinzième siècle	*a 15th century manor house*
un cadre exceptionnel	*exceptional surroundings*
un accueil chaleureux	*a warm welcome*
tout en étant	*whilst still being*
il suffit de prendre ...	*you just take ...*

Maintenant écoutez la cassette et indiquez si les phrases ci-dessous sont **Vraies** ou **Fausses**.

		VRAI	FAUX
I	There are no ladies present.		
2	The clients will have the chance to tour the hotel this afternoon.		
3	The hotel has residential conference facilities.		
4	The hotel is a former manor house.		
5	It is situated in the Loire valley.		
6	The hotel has 50 hectares of parkland.		

	VRAI	FAUX
7 The hotel offers a peaceful atmosphere.		
8 The hotel is 15 kilometres from the motorway.		

B Avant de jouer le rôle du présentateur vous-même, notez les points suivants.

Le futur

vous *aurez* l'opportunité   qui vous *permettra*

Le future se forme en ajoutant les terminaisons indiquées ci-dessous à la racine du verbe.

Verbe	**Futur**
avoir	j'**aur**ai
présenter	tu **présenter**as
permettre	il **permettr**a
offrir	elle **offrir**a
être	nous **ser**ons
apprécier	vous **apprécier**ez
proposer	ils **proposer**ont
prendre	elles **prendr**ont

Essayez de trouver le futur des verbes qui suivent: la première phrase vous est donnée comme exemple. Écoutez les phrases au présent et transformez-les au futur, puis écoutez la bonne réponse qui suit sur votre cassette.

1   Il présente son hôtel.
     Il présentera son hôtel.
2   Nous prenons la sortie 94.
3   Vous avez l'opportunité de visiter le château.
4   L'hôtel offre un accueil chaleureux.
5   Ils proposent une exposition sur leur établissement.
6   Je suis content de vous accueillir.

Les pronoms

Je *vous* propose
La présentation qui *vous* permettra
Les facilités qui *vous* seront offertes
L'ancient manoir *vous* propose

Écoutez l'exemple donné sur votre cassette et complétez l'exercice de la même façon. Lisez les phrases ci-dessous, trouvez la réponse et puis écoutez la bonne réponse sur votre cassette.

1   L'hôtel offre le grand confort.
     L'hôtel vous offre le grand confort.

2   Je présente M. Voltaire.

3   Il propose une visite de l'établissement.

4   Elle promet un excellent séjour.

5   Je souhaite la bienvenue.

C Maintenant écoutez de nouveau le discours de M. Hubert (Section A) et essayez de mémoriser la façon dont il présente son organisme. Puis, en utilisant les informations
ci-dessous, faites une présentation de l'hôtel où vous travaillez à un groupe de délégués. Quelques indices vous sont donnés pour vous aider.

- welcome the delegates

- introduce yourself

- explain what you are going to do

- say they will be able to visit the hotel later

- give some details about the local area

- give some indication of its accessibility

- give details of the accommodation available

Château de Remaisnil

PICARDIE

Remaisnil - 80600 Doullens
Tél. : 22.77.07.47 - Télécopie : 22.77.41.23

M. et Mme Adrian Doull
Fermeture annuelle : du 22.02 au 08.03
20 chambres de 750 F à 1600 F (S.T.C.)
Petit déjeuner : 65 F
Menu 395 F (vin compris).

Château du XVIIIe siècle au cœur d'une région où s'est écrite l'histoire de France. Remaisnil restauré et décoré avec raffinement par son ancienne propriétaire Laura Ashley, offre un accueil de grand luxe. Table d'hôtes gastronomique. Situé à mi-chemin entre Paris et Bruxelles, à proximité des côtes de la Manche. Salle et équipements pour réunions et séminaires de prestige.

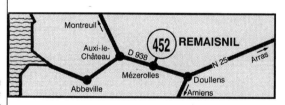

TÂCHE 1

Vous travaillez pour un centre de conférences au Royaume-Uni comme Directeur des Conférences. Une entreprise française s'intéresse beaucoup à votre établissement pour des séminaires de formation parce qu'elle vise à former une équipe de représentants qui travailleront par la suite en Angleterre.

En utilisant les informations ci-dessous, faites une présentation de votre établissement à un groupe de délégués. Pendant votre présentation n'oubliez pas:

- d'accueillir les délégués

- d'offrir la possibilité d'une visite de votre établissement

- de donner des détails sur les facilités offertes

- d'indiquer comment y arriver

- d'être prêt(e) à répondre aux questions qui peuvent vous être posées

OAKWOOD HOUSE

Amidst mature parkland, Oakwood House Training Centre offers a peaceful setting for your day and residential conference needs.

Less than a mile from Maidstone town centre, its convenient location means that it is easily accessible from mainline railway stations, motorway links from London and South Coast Channel Ports.

CONFERENCE & TRAINING FACILITIES

The recently refurbished Victorian mansion combines elegant surroundings with modern training facilities. It has a superb range of rooms suitable for all types of training and conference requirements. Our efficient and friendly staff are on hand throughout your stay to ensure your meeting or seminar runs smoothly. We offer the use of a full range of audio/visual equipment at no extra charge.

RESIDENTIAL ACCOMMODATION

With its forty-one study bedrooms the new residential block, completed in May 1993, provides hotel standard accommodation, creating an atmosphere conducive to relaxing study. All bedrooms are en-suite and are equipped with tea/coffee making facilities and colour television.

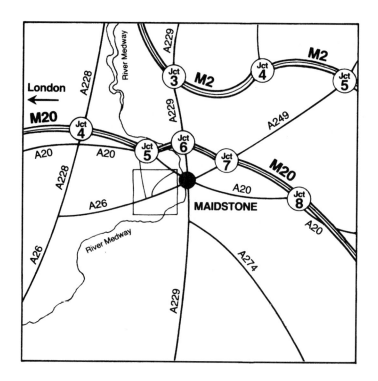

Performance Criteria

Speaking

S2.4   Deliver simple presentations.

Range: Work matters

Context: Routine business meeting

Performance evidence: Audio or video recording of the presentation

This task is best carried out as a real-life presentation which may be videoed. Alternatively an audio cassette recording may be made of the presentation as evidence of task completion.

PRÉPARATION

📼 A *Les salles de séminaires*

Vous allez entendre Mme Jannet, Directrice des Conférences à l'Hôtel de Salvagny, qui décrit la capacité et disposition des salles de séminaires dans son établissement.

Voici quelques mots pour vous aider à mieux comprendre.

comme vous pouvez constater	*as you can see*
l'hôtel dispose de . . .	*the hotel has . . .*
accueillir	*to welcome*
enlever la cloison	*to remove the partition*
ces deux salles adjointes	*these two adjoining rooms*
au-delà de 50 personnes	*over 50 people*
en école	*in conference format*
en théâtre	*in lecture format*

Maintenant écoutez la cassette et complétez le tableau ci-dessous avec les informations qui sont données.

SALLE APPOLINAIRE

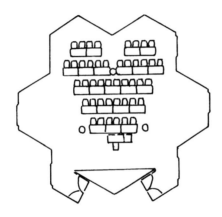

	SALLE	CAPACITÉ	AUTRES PARTICULARITÉS
1	Simenon	*	*
2	Appolinaire	*	*
		*	*
3	Hergé	*	*
4	Magritte	*	*
5	Horta	*	*
6	Grévisse	*	*

 B Écoutez les clients qui voudraient réserver une salle de séminaires. Étant donné le choix des salles proposé dans la section précédente, laquelle recommanderiez-vous?

	BESOINS DU CLIENT(E)	RECOMMANDATION
1		
2		
3		

C Regardez la liste des mots anglais qui suit, et cherchez les équivalents en français dans les informations données ci-dessous concernant l'équipement des salles de séminaires. Si nécessaire, utilisez votre dictionnaire pour vous aider.

1 overhead projector
2 photocopier
3 translation booths and interpreters
4 public address system
5 video camera
6 basic presentation materials
7 slide projector and stand
8 secretarial services
9 typewriter
10 VCR and monitor
11 screen and board

SEMINAIRES - REUNIONS - CONGRES.

NOS SALLES.

1. MATÉRIEL DIDACTIQUE DE BASE
   - flip-chart, marqueurs.
   - rétroprojecteur.
   - écran et tableau.
   - projecteur dias (sur demande)
   - pupitre (sur demande)

2. EQUIPEMENT AVEC SUPPLÉMENT DE PRIX
   - lecteur vidéo et moniteur
   - sonorisation
   - cabines de traduction et interprètes
   - caméra vidéo
   - vidéoprojecteur
   - ...

3. A VOTRE DISPOSITION À LA RÉCEPTION
   - secrétariat
   - fax et téléphone
   - photocopieuse
   - machine à écrire

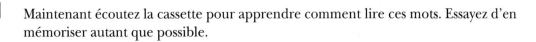

Maintenant écoutez la cassette pour apprendre comment lire ces mots. Essayez d'en mémoriser autant que possible.

D Vous allez entendre Mme Jannet de nouveau qui explique à un client, M. Drouet, l'équipement des salles de séminaires. Voici quelques mots pour vous aider à mieux comprendre.

en quoi consiste-il?	*what does it include?*
compris dans le forfait	*included in the price*
. . . dotées de	*equipped with*
sur demande	*on request*
il faut payer un supplément	*there is a supplementary charge*
assurer sa disponibilité	*to ensure its availability*
vous m'avez cité le prix	*you have quoted the price*
l'hébergement	*accommodation*
deux pauses-café	*two coffee-breaks*
accès gratuit	*free use of*

Maintenant écoutez le dialogue et répondez aux questions suivantes.

1 What basic equipment do the seminar rooms have?
2 What other equipment is available on request?
3 What conditions apply if a VCR is required?
4 What about photocopying facilities?
5 What does the price of a residential seminar include?

E *Maintenant à vous!*

Jouez le rôle du Directeur des Conférences/client avec un(e) partenaire, et utilisez les informations données à la page suivante pour répondre aux questions posées.

Partenaire A	**Partenaire B**
1 Ask what the basic equipment in a seminar room consists of.	**1** Respond appropriately.
2 Ask about the availability of a public address system.	**2** Respond appropriately.
3 Ask about telephone and fax facilities.	**3** Respond appropriately.
4 Ask what the residential seminar fee includes.	**4** Respond appropriately.
5 Ask if the fee includes services charges and VAT.	**5** Respond appropriately.

Cette information désire particulièrement mettre en évidence notre infrastructure salles de séminaires :

NOS SALLES

* Matériel didactique de base (compris dans le forfait)
- *flip-shart, marqueurs, rétroprojecteurs.*
- *écran et tableau.*
- *projecteur dias et pupitre (sur demande).*

* Equipement avec supplément de prix (à commander 48 H avant le séminaire, prix sur demande)
- *lecteur vidéo et moniteur*
- *sonorisation*
- *cabines de traduction et interprètes*
- *camera video, vidéoprojecteur,...*

* A votre disposition à la réception
- *secrétariat*
- *fax, téléphone, photocopieuse, machine à écrire*

Les prix comprennent le logement, le buffet petit-déjeuner, le lunch et/ou le dîner avec boissons aux repas , utilisation de la salle de conférences avec le matériel didactique de base, l'eau dans la salle de séminaire, 2 pauses-café, accès gratuits à la piscine, service et TVA.

TÂCHE 2

Vous travaillez pour un établissement au Royaume-Uni comme Directeur des Conférences. Au cours d'une réunion, un(e) client(e) français(e) vous demande des renseignements sur les facilités offertes pour les séminaires résidentiels. Utilisez les informations ci-dessous pour vous aider à répondre aux questions posées.

N'oubliez pas de:

• donner des réponses aux questions concernant le matériel didactique de base, l'équipement supplémentaire et les autres facilités disponibles

• donner des informations sur ce que comprend le prix d'un séminaire résidentiel

OAKWOOD HOUSE

ROOM CAPACITIES

Recommended maximum capacity when arranged in:

	Conference Format (Open Block)	Lecture Format (Theatre)
LEWIS WIGAN ROOM	N/A	100
LIBRARY	20	N/A
BILLIARD ROOM	25	50
GARDEN ROOM	20	30
VERANDAH	20	30
MARY WIGAN ROOM	20	30
STILWELL ROOM	32	60

TARIFF

Residential Conference Delegate Rate - £70.00 per person per 24 hours
(minimum number of 10 delegates)
This price is inclusive of:
>   Hire of Main meeting room plus 1 syndicate room
>   Use of standard audio-visual equipment
>   Coffee on arrival
>   Mid-morning coffee/biscuits
>   Luncheon
>   Tea/biscuits in the afternoon
>   3-course Dinner
>   Bedroom and Full English Breakfast
>   V.A.T.

Day Conference Delegate Rate   -   £25.00 per person per day
(minimum number of 10 delegates)

This price is inclusive of:
>   Hire of Main meeting room plus 1 syndicate room
>   Use of standard audio-visual equipment
>   Coffee on arrival
>   Mid-morning coffee/biscuits
>   Luncheon
>   Tea/biscuits in the afternoon
>   V.A.T.

Standard Audio/Visual Equipment:
All Main Meeting Rooms are equipped with:
>   OHP and Screen
>   TV and Video
>   1 Flipchart/markers

All Syndicate Rooms are equipped with 1 Flipchart/markers
Additional equipment is available on request for which a small charge
will be made

Performance Criteria

Speaking
S2.4   Deliver simple presentations.

Range: Work matters

Context: One-to-one

Performance evidence: Audio or video recording of the presentation

TÂCHE 3
PRÉPARATION

A *Réserver des séminaires*

Vous allez entendre trois personnes qui voudraient réserver des séminaires au Domaine des Hautes Fagnes en Belgique. Regardez les tarifs-séminaires ci-dessous et, en écoutant la cassette, prenez note de leurs besoins et calculez le prix de leur séminaire.

TARIFS SÉMINAIRES

PRIX PAR PERSONNE PAR JOUR

A. SEMINAIRES RESIDENTIELS

	DEMI-PENSION	PENSION COMPLÈTE
Chambre single	FB 4 450,-	FB 4 750,-
Chambre double	FB 4 150,-	FB 4 450,-

B. SEMINAIRES NON RESIDENTIELS

	DEMI-PENSION	PENSION COMPLÈTE
	FB 1 750,-	FB 2 350,-

Les prix comprennent le logement, le buffet petit déjeuner, le lunch et/ou le dîner avec boissons aux repas (2 verres de bière ou de vin et eau), utilisation de la salle de conférence avec le matériel didactique de base, l'eau dans la salle de séminaire, 2 pauses (café, thé, biscuits), accès gratuit à la piscine, service et TVA.

Pour les séminaires non-résidentiels : tous les avantages repris ci dessus mais sans logement , ni petit déjeuner.

CLIENT(E)	BESOINS	PRIX (FRANCS BELGES)
1		
2		
3		

B Regardez de nouveau les tarifs séminaires, et faites la liste de ce que comprennent les prix:

1 des séminaires résidentiels
2 des séminaires non-résidentiels

C *Maintenant à vous!*

En utilisant les informations données dans la section A, jouez le rôle du Directeur des Conférences/client(e). Suivez les indices donnés ci-dessous puis imaginez d'autres conversations similaires.

Partenaire A	Partenaire B
1 Ask for the price of a residential seminar for twelve people (full-board) for three nights.	**1** Respond appropriately.
2 Ask what the price includes.	**2** Respond appropriately.

 D Vous allez entendre une conversation entre M. Pringalle, Directeur des Conférences de l'Hôtel Eychenne, et une cliente, Mme Bonnart, au sujet d'un séminaire résidentiel.

Voici quelques mots pour vous aider à mieux comprendre.

un nombre minimum	*a minimum number*	annuler	*to cancel*
moins de	*less than*	un forfait	*a charge*
la location	*the hire*	nous vous	*we bill you for . . .*
selon	*according to*	facturons . . .	

Maintenant écoutez la cassette et puis complétez le tableau des prix ci-dessous.

		PRIX
1	Supplement for a small number of participants.	
2	Supplement for a seminar held on Saturday.	
3	Supplement for pastries instead of biscuits.	
4	Supplement for an extra coffee-break.	
5	Cancellation charge.	

E *Maintenant à vous!*

Écoutez la conversation de la section D de nouveau et jouez le rôle du Directeur des Conférences/client(e). Avec un(e) partenaire posez des questions sur les suppléments et répondez en utilisant les informations sur les tarifs-séminaires d'un hôtel belge données ci-dessous.

SUPPLÉMENTS :
- séminaire de moins de 10 personnes : un supplément pour la location de la salle sera demandé (coût suivant la grandeur de la salle mise à votre disposition)

- séminaire du samedi au dimanche		FB 1 000,- par personne
- café d'accueil ou pause supplémentaire		FB 110,- par personne
- croissant ou pain au chocolat		FB 80,- par personne
- 1/4 de tarte + café		FB 160,- par personne
- jus d'orange au litre		FB 320,- par personne
- Location de salle	de 6 à 12 pers.	FB 4 000,- par jour
	de 15 à 30 pers.	FB 8 000,- par jour
	grande salle	FB 15 000,- par jour
	salle de défilés	FB 40.000,- par jour

FRAIS D'ANNULATION

Si vous désirez annuler votre réservation, veuillez nous en avertir dans les délais prévus. Une fois ces délais dépasés, nous nous verrons dans l'obligation de vous facturer :
. 100% du coût de votre réservation si vous annulez moins de 10 jours avant la date d'arrivée.
. 50% du coût de votre réservation si vous annulez 10 jours avant la date d'arrivée.
. 30% du coût de votre réservation si vous annulez 20 jours avant la date d'arrivée.
. 20% du coût de votre réservation si vous annulez 45 jours avant la date d'arrivée.
. 10% du coût de votre réservation si vous annulez 90 jours avant la date d'arrivée.

F Regardez les informations ci-dessous et prenez note des exigences de la direction de l'hôtel.

BIENVENUE A L'HOTEL LE PRINTEMPS

* Nous tenons à informer notre aimable clientèle que la chambre que vous occupez doit être libérée avant 12 heures et que tout dépassement sera facturé comme une nuit supplémentaire.

* Les chambres doivent être tenues fermées et les clés relises au bureau de l'hôtel à chaque absence de MM. es clients.

* Dans l'intérêt de la tranquillité de l'établissement, tout bruit doit cesser entre 2 heures et 7 heures du matin.

* Le mini-bar est exclusivement réservé aux boissons, pour toute marchandise extérieure trouvée, nous serons en droit de vous facturer la locations du mini-bar, soit 50 francs par jour.

* Nous acceptons nos amis les bêtes contre une prestation par jour et par animal.

* Les petits déjeuners sont servis de 7h30 à 10 heures.

* Merci pour votre attention. La direction et toute son équipe vous souhaitent un agréable séjour à l'Hôtel Le Printemps.

TÂCHE 3

Vous travaillez comme Directeur des Conférences dans un hôtel anglais. On vous a demandé de faire une présentation des facilités de votre établissement à M. Pujol, le Directeur de la Formation d'Excelfrance, qui recherche la possibilité d'une série de séminaires au Royaume-Uni. Faites une présentation des tarifs-séminaires de votre établissement utilisant les informations ci-dessous.

TERMS AND CONDITIONS OF BOOKING

1. Day conference bookings are based on a day hire between the hours of 9.00am and 6.00pm unless otherwise agreed.

2. Final numbers for catering requirements for a **day** meeting/function must be notified no later than 48 hours prior to the date of the meeting/function.

3. Bedrooms must be vacated before 10.00am on day of departure. Luggage can be stored if your conference continues that day.

4. No food, wine, beer or spirits may be brought into Oakwood House Training Centre by a customer or guest of a customer unless our prior consent has been obtained in writing.

5. Charges will be made on the cancellation of a confirmed booking as follows:

   DAY CONFERENCES
   Over 6 weeks before   - No charge
   4 - 6 weeks before   - 25% of room hire
   2 - 4 weeks before   - 50% of room hire
   1 - 2 weeks before   - 75% of room hire
   Within 7 days   - Full charge room hire
   There may be a charge for catering cancelled at short notice

   RESIDENTIAL CONFERENCES
   Over 8 weeks before   - No charge
   4 - 8 weeks before   - 25% of total expected invoice
   2 - 4 weeks before   - 50% of total expected invoice
   Within 14 days   - 75% of total expected invoice

6. If Oakwood House Training Centre is unable to honour any booking for any cause outside of its control, it shall be entitled to cancel the booking without liability but will endeavour to transfer the booking to another venue if so requested.

7. Booking confirmation implies acceptance of the above booking conditions.

(EXT)

OAKWOOD HOUSE

TARIFF

Residential Conference Delegate Rate - £70.00 per person per 24 hours
(minimum number of 10 delegates)
This price is inclusive of:
    Hire of Main meeting room plus 1 syndicate room
    Use of standard audio-visual equipment
    Coffee on arrival
    Mid-morning coffee/biscuits
    Luncheon
    Tea/biscuits in the afternoon
    3-course Dinner
    Bedroom and Full English Breakfast
    V.A.T.

Day Conference Delegate Rate   -   £25.00 per person per day
(minimum number of 10 delegates)

This price is inclusive of:
    Hire of Main meeting room plus 1 syndicate room
    Use of standard audio-visual equipment
    Coffee on arrival
    Mid-morning coffee/biscuits
    Luncheon
    Tea/biscuits in the afternoon
    V.A.T.

Standard Audio/Visual Equipment:
All Main Meeting Rooms are equipped with:
    OHP and Screen
    TV and Video
    1 Flipchart/markers

All Syndicate Rooms are equipped with 1 Flipchart/markers
Additional equipment is available on request for which a small charge
will be made

Au cours de votre présentation il vous faut:

- présenter les tarifs de base

- présenter les services supplémentaires et leurs frais

- indiquer les autres suppléments qui peuvent être facturés

- indiquer les règles de l'établissement

- indiquer les frais à facturer en cas d'annulation

- être prêt(e) à répondre aux questions qui peuvent vous être posées

Performance Criteria

Speaking
S2.4   Deliver simple presentations.

Range: Work matters

Context: One-to-one

Performance evidence: Audio or video recording of the presentation

TÂCHE 4
PRÉPARATION

 A *Mme Meunier fait une présentation*

Vous allez entendre la suite d'une présentation faite par Mme Meunier, Directrice des Conférences de l'Hôtel le Colombier en Normandie, où elle parle des possibilités de détente et de la culture dans la région.

Voici quelques mots pour vous aider à mieux comprendre.

sentiers de pays balisés	*marked country paths*
la dentelle	*lace*
la célèbre Tapisserie de la Reine Mathilde	*the famous Bayeux Tapestry*
un centre équestre	*a horse-riding centre*
saut à l'élastique	*bungy-jumping*

Écoutez maintenant la cassette et prenez note des activités et des visites culturelles mentionnées.

1 **Activités sportives**
2 **Visites culturelles**

B Regardez les informations ci-contre sur la Touraine et utilisez votre dictionnaire pour compléter les exercices qui suivent.

Nature et paysage
Trouvez la traduction des mots et phrases suivants.

1 le fleuve
2 le banc de sable
3 les coteaux
4 les étangs
5 les parterres
6 les massifs
7 les terrasses

Sports et loisirs
Trouvez au moins cinq activités suggérées et écrivez-les en anglais.

1 _____
2 _____
3 _____
4 _____
5 _____

TOURAINE est un pays
Temps de vivre pour

&NATURE PAYSAGE

Le jardin de la France vous offre ses plus beaux tableaux

La Loire, fleuve sauvage, court le long des bancs de sable blond, ou creuse son lit dans la craie tendre du tuffeau. Les coteaux aux vignes généreuses, les forêts majestueuses, les étangs donnent à la Touraine sa beauté paisible et sa merveilleuse diversité de paysages. Modérée, fertile, lumineuse : la Touraine mérite son titre de "Jardin de la France". Les iris et les roses du Prieuré de Saint-Cosme, les parterres Renaissance de Villandry ou les massifs et les terrasses du château de Valmer témoignent de la douceur du climat et d'une maîtrise ancestrale de l'art des jardins.

1 Paysage de Touraine
2 Loge de vigne
3 Cigogne noire

&SPORTS LOISIRS

4 000 km de balades et de randonnées dans une nature préservée

En Touraine, le sport est roi et toutes les disciplines sont pratiquées. Les randonneurs chevronnés sont fourbus mais comblés : l'Indre-et-Loire est le premier

département français en nombre de kilomètres de sentiers pédestres. A pied, à cheval ou à bicyclette, partez à la découverte d'une nature hautement préservée. Les nombreux plans d'eau, lacs, étangs ou piscines accueillent les amateurs de sports nautiques, et les golfeurs améliorent leur "swing" dans les cadres de verdure les plus grandioses. Ceux qui souhaitent prendre un peu plus de hauteur choisissent une visite des châteaux par la voie des airs, en avion, en hélicoptère ou en montgolfière ; les nostalgiques préfèrent un petit tour en train à vapeur. Mais c'est avant tout la richesse de son site naturel qui fait de la Touraine une terre de loisirs et de détente.

1 Cyclotourisme à Ussé
2 Montgolfière à Chenonceau

C Regardez les informations tirées d'une brochure du Domaine des Hautes Fagnes en Belgique, et répondez aux questions qui vous seront posées par votre partenaire, qui jouera le rôle du client.

ACTIVITÉS SPORTIVES POSSIBLES DANS LES ENVIRONS DE L'HÔTEL :	
ROBERTVILLE :	* Canotage * Pédalos * Bateaux à moteur électrique

COO :	* Descente de l'Amblève en kayak
	   a) Télécoo-Cheneux (9 km)
	   b) Télécoo- Lorce (23 km)
	* Formule 1
	* Karting

BUTGENBACH : *sur le lac :*	* Bowling * Equitation * Parachutisme * Escalade et descente en rappel * Pédalos * Planche à voile
FRANCORCHAMPS :	* Karting

ACTIVITES DE GROUPES
ORIENTATION : plus qu'une simple ballade guidée ! Développez votre sens de l'initiative et votre esprit d'équipe par une application directe sur le terrain
V.T.T. : découvrez le mountain bike accompagné d'un guide expérimenté et selon votre niveau, appréciez le relief de notre région qui donne à ce sport mille et une possibilités.
RAPPEL : nul besoin d'un vide impressionnant pour découvrir la technique et les sensations du Rappel.
ESCALADES : sur mur ou sur rocher, éprouvez de nouvelles sensations ...
DROPPING : de jour comme de nuit, un seul but : rejoindre le point d'arrivée.
DEATH-RIDE : jetez-vous dans le vide, attaché à un câble pour une descente infernale. Accélération violente garantie, vos cris ne vous ralentiront pas
* *MOTO CROSS* : sous la conduite de Georges Jobé, quintuple Champion du Monde de Moto- cross, il vous sera possible de découvrir de formidables endroits. Ceci s'adresse aussi bien aux sportifs qu'aux non-sportifs. Une initiation est prévue avant la promenade. Les personnes qui n'ont jamais fait de moto sont également bienvenues. La promenade peut se faire soit en moto, soit en quad (moto à 4 roues). Un maximum de précautions sont prises afin que l'organisation de cette activité soit sans risque. Le succès de cette activité est garanti !

Partenaire A	**Partenaire B**
1 Ask what sports activities are available in the region.	**1** Respond appropriately giving two examples.
2 Ask for more details about one of the activities mentioned.	**2** Respond appropriately.

 D Vous allez entendre une conversation entre M. Bedard, Directeur des Conférences de l'Hôtel de France dans la vallée de la Loire, et une cliente, Mlle Horel, pendant la pause-café d'une présentation.

Voici quelques mots pour vous aider à mieux comprendre.

je vous conseille	*I advise you*	des liens avec	*links with*
jadis	*formerly*	a terminé ses jours	*ended his days*
qui abrite	*which houses*	des maquettes	*models*

Écoutez maintenant la cassette et notez les détails des quatre endroits à Amboise recommandés par M. Bedard.

1 _____

2 _____

3 _____

4 _____

E *Maintenant à vous!*

Avec un(e) partenaire jouez le rôle du Directeur des Conférences/client(e) dans la conversation indiquée ci-dessous.

Partenaire A	**Partenaire B**
1 Ask what excursions s/he would recommend in the region.	**1** Advise the client to go to Tours. Say it is about 30km away.
2 Ask what there is to see there.	**2** Say it is a very beautiful city with many museums and other interesting things to see. Suggest a visit to the Museum of Fine Art.
3 Ask what is there exactly.	**3** Say it houses a large collection of French paintings from the Middle Ages to the 20th century.

4 Say you have heard there is an aquarium in Tours.	**4** Say there is a tropical aquarium with over 200 types of fish. Say it is very interesting.

TÂCHE 4

Vous travaillez comme Directeur des Conférences dans un hôtel dans votre propre région du Royaume-Uni. Faites des recherches au sujet des visites culturelles ainsi que des activités de loisir que peut offrir votre région. Vous allez en faire une présentation à un client français qui s'intéresse à votre établissement.

Pendant votre présentation vous devrez être prêt(e) à:

- recommander des excursions culturelles

- donner des conseils sur les activités de loisir possibles dans la région

- donner des détails précis sur les attractions que vous recommandez

- répondre aux questions que votre interlocuteur vous posera

Performance Criteria

Speaking

S2.4   Deliver a simple presentation.

Range:	General interest
Context:	One-to-one
Performance evidence:	Audio or video recording of the presentation

S2.1   Establish and maintain social contact.

Range:	Personal interest
Type of information:	Factual information, asking for and giving advice
Context:	Informal work
Mode of communication:	Face-to-face
Performance evidence:	Audio or video recording of the presentation

Unité Huit

LE COMPTE-RENDU DE STAGE

Scenario

When you went on work experience in France, you were told to research some aspects of the profession. In the course of this assignment, you will have to carry out several activities to obtain the information requested, including talking informally to a French-speaking trainee with whom you have become acquainted.

The material required for each task will be provided for you, although if you have the opportunity of actually spending some time working in a French-speaking country, you may be able to find supplementary material there.

Your assignment is:

to obtain information about customer satisfaction, emergency procedures and the hotel industry in general in order to be able to compile a report on your return to Britain; to discuss training and job-seeking with another student and compare training in your country and theirs.

You will have to carry out the five tasks outlined below. Before you are requested to do each task there will be a preparation phase to help you acquire the language you need to carry out the instructions.

Tasks

1   To conduct a customer satisfaction survey with at least two customers.
2   To report in English on the fire drill/emergency procedures for evacuation of a French hotel.
3   To make notes from the hotel manager's briefing about the industry in his/her region.
4   To discuss the various hotel categories with a friend.
5   To talk to a friend about training in your respective countries.

Notes

1   Tasks 1, 4 and 5 are to be carried out using **French** as a means of communication. You may have to record the conversations or make notes about their outcome as evidence of your comprehension. Tasks 2 and 3 are listening comprehension tasks and the evidence for these will have to be produced in writing and in **English**.

2   The performance criteria for each task are detailed with the instructions for the completion of the task.

3   The preparation part of the assignment, although not assessed in itself, plays an essential part in preparing you for the competent handling of each task. It provides you with the required vocabulary and enables you to practise each activity to gain confidence in using French for the purpose required.

Mandatory unit match

Unit 8   Reception and front office operations in hospitality
Element 8.1   Investigate customer requirements (PC 1, 4).

Unit 1   Investigate the hospitality and catering industry
Element 1.1   Investigate the scale and sectors of the industry (PC 4, 5, 6).

TÂCHE 1

PRÉPARATION

A *Un questionnaire*

Étudiez le modèle de questionnaire ci-contre. Ce questionnaire est destiné aux clients d'un restaurant. Comprenez-vous bien toutes les questions?

 Pour vous aider à comprendre le questionnaire, apprenez le vocabulaire ci-dessous.

en moyenne	*on average*	une entreprise	*company/firm*
moyen(ne)	*average/adequate*	le lieu de travail	*workplace*
l'accueil	*reception*	ailleurs	*elsewhere*
un mois	*month*		

Maintenant, posez les questions du questionnaire à un(e) partenaire qui joue le rôle du client au restaurant.

```
VOTRE AVIS EST IMPORTANT !

AUSSI, NOUS VOUS PROPOSONS DE REMPLIR LE QUESTIONNAIRE CI JOINT ET DE LE
REMETTRE A LA RECEPTION DE CET HOTEL RESTAURANT.

NOUS VOUS REMERCIONS DE VOTRE COLLABORATION ET ESPERONS AVOIR LE PLAISIR DE
VOUS ACCUEILLIR A NOUVEAU TRES PROCHAINEMENT...

                        *******************


Hotel        Restaurant        . de .................... Date .........
                                                          Midi [____]
                                                          Soir [____]

Repas individuel [____]        Groupe[____]
But du repas : Affaire[____]          Tourisme [____]        Autre [____]


1/ Est ce votre premier déjeuner ou dîner au          ?
        OUI [____]            NON[____]
    Si non, combien de fois en moyenne venez  vous y manger?
            - Moins d' une fois par mois [____]
            - De 1 à 5 fois par mois     [____]
            - De 5 à 10 fois par mois    [____]
            - Plus de 10 fois par mois   [____]

2/ Que pensez vous de :
```

	Très bien	Bien	Moyen	Médiocre
La qualité du repas				
La rapidité du service				
L' accueil				
L' ambiance				

```
3/ De combien de temps disposez vous pour déjeuner (dîner) ?
            - Moins d' une heure      [____]
            - 1 heure                 [____]
            - Plus d' une heure       [____]
            - Indéfini                [____]

                    *********************
```

B *Poser des questions d'opinions*

Regardez les questions ci-dessous. Avec un(e) partenaire, exercez-vous à poser ces questions au sujet d'un restaurant que vous avez fréquenté récemment.

Est-ce que vous avez . . . ?
Que pensez-vous de . . . ?
Aimez-vous . . . ?
Quelle est votre opinion sur . . . ?
Combien de fois par . . . ?
Comment pouvez-vous décrire . . . ?
Pourquoi n'aimez-vous pas . . . ?

Exemples: Est-ce que vous avez mangé au restaurant 'le Royal'?
         Que pensez-vous du décor?

C *Préparer un questionnaire*

Vous allez maintenant préparer un questionnaire similaire, mais adapté aux clients d'un hôtel. Ensuite vous devrez utiliser ce questionnaire pour interroger des clients de l'hôtel dans votre première tâche.

Pour vous aider, voici quelques guides pour chaque partie du questionnaire et un exemple de services et de prix d'un hôtel français que vous pouvez utiliser pour préparer vos questions.

Le service du petit déjeuner est assuré,

soit en chambre, soit au restaurant,

de 7 heures à 10 heures

le matin.

Les repas sont servis dans le restaurant.

Aucun service de déjeuner ou de diner

n'est assuré dans les chambres.

La présence des animaux dans l'hôtel

est tolérée et facturée **FF : 44,–**

Ceux-ci doivent être maintenus en laisse

dans le restaurant.

Les dégâts causés par les animaux

seront facturés à leurs maîtres.

LA DIRECTION

_____

_____

Le prix de cette chambre est fixée à FF :

Le petit déjeuner est de FF : 44,– l'un

Le Garage est à FF : 44,– la nuit

PRIX NETS

1   *a stay*   =   un séjour
    a year   =   un an
    once a . . .   =   une fois par . . .

2   Mentionnez: the comfort of the rooms
                  silence or quietness
                  room service
                  other facilities in the rooms (mini-bar, TV,
                  video, telephone, en suite bathroom etc)

3   Créez une section sur l'accueil des animaux.

4   Créez une section sur les prix.

TÂCHE 1

Vous devez lire votre questionnaire à deux clients différents et noter leurs réponses à vos questions.

Avant de poser vos questions, n'oubliez pas de lire l'introduction du questionnaire au client, de lui demander poliment de vous aider et de lui expliquer ce qu'il doit faire. Respectez l'ordre suivant:

1   demande

2   introduction

3   explications

4   questionnaire (clarifiez bien toutes les réponses)

5   remerciements

Performance Criteria

Speaking
S2.4   You are expected to make an evaluation and report, requesting verbal
       information and clarifying the answers received.

Range: Descriptions of organisation and assessments

Context: Formal business

Mode of communication: Face-to-face

Performance evidence: Completion of report form

TÂCHE 2
PRÉPARATION

A *En cas d'incendie*

Étudiez les instructions de conduite à tenir en cas d'incendie de cet hôtel français. Comparez le texte en français et le texte traduit en anglais et trouvez les expressions françaises pour les expressions anglaises soulignées dans le texte.

CONDUITE À TENIR EN CAS D'INCENDIE
En cas d'incendie dans votre chambre, et si vous ne pouvez pas maîtriser le feu:
- gagnez la sortie en refermant bien la porte de votre chambre et en suivant le balisage
- prevenez la réception

En cas d'audition du signal d'alarme:
- si le couloir et l'escalier sont praticables, gagnez la sortie en refermant bien la porte de votre chambre et en suivant le balisage
- si la fumée rend l'escalier ou le couloir impraticables restez dans votre chambre; fermez (sans verrouiller) les portes et les fenêtres; manifestez votre présence à la fenêtre, en attendant l'arrivée des sapeurs-pompiers
- une porte fermée, si elle est mouillée et étanchée, par exemple par des linges humides, protège longtemps.

INSTRUCTIONS IN CASE OF FIRE
<u>In case of fire</u> in your room and if you can't get the fire over:
- <u>close carefully</u> the door of your room, follow the <u>markings</u> towards the <u>exit</u>
- inform the reception desk

In case of <u>fire alarm</u>:
- if the corridor and stairs are practicable, close carefully the door of your room, and follow the markings towards the exit
- if the smoke makes the corridor and stairs impracticable: keep in your room; <u>close the doors and the windows</u> (<u>without locking them</u>); show you at the window up to <u>the arrival of the firemen</u>
- a door closed, if it is <u>wet and tight</u>, for example with <u>damp linen</u>, protects a long time

---

Regardez bien la traduction en anglais et essayez de l'améliorer pour que le sens soit clair en anglais.

B Prenez maintenant les consignes en cas d'incendie de votre hôtel, de votre restaurant, ou l'exemple ci-dessous, et traduisez-les en français très simple et très clair, en utilisant les expressions ci-dessous si possible.

Quittez votre chambre
Fermez la porte
N'utilisez pas l'ascenseur
Suivez les flêches
La sortie de secours

FIRE INSTRUCTIONS

1. If you discover a Fire, please operate the nearest "Break Glass" point if possible and leave the building as below.

2. On hearing the Fire Alarm, please leave the building by the nearest Fire Exit (marked by a Green illuminated "Exit" sign)

3. The Fire Brigade will be called immediately by the Switchboard.

4. Please leave the building as quickly as possible and assemble in the Car Park opposite the Main House.

5. Do not return to the building until it has been pronounced safe to do so.

TÂCHE 2

Écoutez les consignes d'évacuation de l'hôtel où vous travaillez, lues par votre collègue pour votre information.

Notez sur votre feuille si la traduction ci-dessous est correcte. Si non, corrigez-la.

INSTRUCTIONS	CORRECTES	CORRIGÉES
• In case of fire in your room, leave the room using the window after shutting the door behind you.		
• Inform reception of the fire.		
• If you hear the fire alarm, leave your room and follow the arrows to the exit.		
• If there is smoke in the corridor, leave your room immediately.		
• Do not jump out of the window, but open it.		
• Insulate your door with dry towels.		
• Do not use the lifts.		
• Disabled people may use the lifts.		

Performance Criteria

Listening

L2.1   Understand everyday public and work-related information.

Range: The speech of others present

Type of information: Instructions and requests

Action taken: Note-taking and storing of information

Performance evidence: Written statements

PRÉPARATION

A *Les statistiques hôtelières*

Regardez la carte du tourisme en Indre-et-Loire et répondez aux questions suivantes.

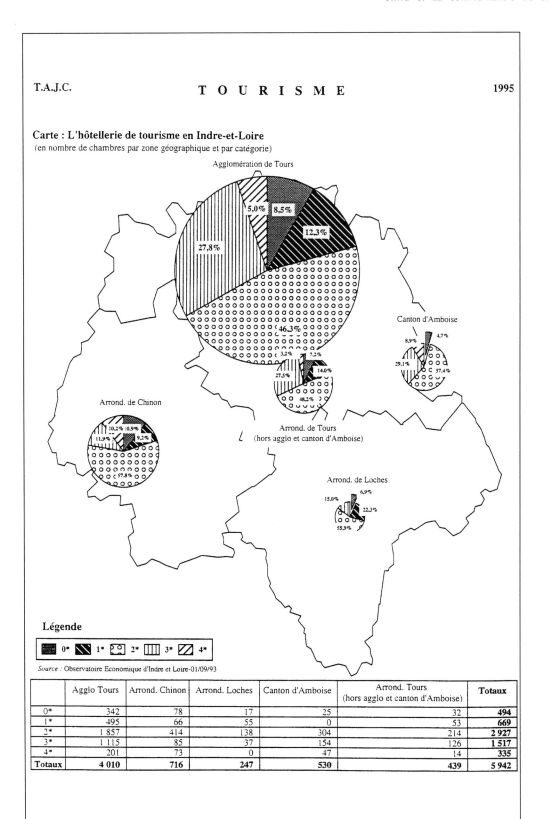

T.A.J.C.

T O U R I S M E

1995

Carte : L'hôtellerie de tourisme en Indre-et-Loire
(en nombre de chambres par zone géographique et par catégorie)

Agglomération de Tours

Canton d'Amboise

Arrond. de Chinon

Arrond. de Tours
(hors agglo et canton d'Amboise)

Arrond. de Loches

Légende

▨ 0*   ◨ 1*   ⊡ 2*   ⊞ 3*   ⊘ 4*

Source : Observatoire Economique d'Indre et Loire-01/09/93

	Agglo Tours	Arrond. Chinon	Arrond. Loches	Canton d'Amboise	Arrond. Tours (hors agglo et canton d'Amboise)	Totaux
0*	342	78	17	25	32	**494**
1*	495	66	55	0	53	**669**
2*	1 857	414	138	304	214	**2 927**
3*	1 115	85	37	154	126	**1 517**
4*	201	73	0	47	14	**335**
Totaux	**4 010**	**716**	**247**	**530**	**439**	**5 942**

1   Combien d'hôtels 2 étoiles y a-t-il dans la région de Tours?
2   Et dans tout le département d'Indre-et-Loire?
3   Combien de 3 étoiles y a-t-il dans le canton d'Amboise?
4   Quel est le pourcentage d'hôtels 2 étoiles dans l'arrondissement de Chinon?
5   Et de 3 étoiles?
6   Quel pourcentage des hôtels 1 étoile d'Indre-et-Loire représentent les 1 étoile de Tours en 1994?
7   Et de 2 étoiles?
8   Et de 3 étoiles?

Rappels

• Révisez les nombres de 70 à 100 (voir Unité 3).

• Révisez les nombres de plus de 100. (voir Unité 5)

• Pourcentages: 7 **pour** cent.

• Notez les chiffres décimaux: '7.3' en anglais devient 7,3 (sept **virgule** trois) en français.

TÂCHE 3

 Écoutez un enregistrement de M. Lupin, du Conseil Général d'Indre-et-Loire, qui donne une conférence sur l'hôtellerie et le tourisme dans son département. Prenez des notes que vous pourrez utiliser pour écrire votre rapport en anglais quand vous retournerez dans votre collège.

Notez les points suivants:
1   Number of hotel rooms in 1994 and number of hotels in the region.
2   Percentage of French hotels in the *département* of Indre-et-Loire.
3   Percentage of respective French and British tourists using these hotels.
4   Comparison of types of hotels in France and in this *département* (use table below).

	INDRE-ET-LOIRE	FRANCE
1 étoile		
2 étoiles		
3 étoiles		
4 étoiles		

5   Growth in number of clients between 1988 and 1993 in units of one thousand (use table below).

	NUMBER	1988 PERCENTAGE	NUMBER	1993 PERCENTAGE
From France				
From abroad				

Performance Criteria

Listening

L2.2   Obtain specific statistical information.

Range: Broadcast and recorded speech

Type of information: Simple but detailed information of a quantitative nature

Action taken: Storage of the information for personal use

Performance evidence: Written notes

TÂCHE 4

PRÉPARATION

 A *Conversation entre deux stagiaires*

Vous allez entendre une conversation entre deux stagiaires qui discutent des critères de classification des hôtels en cinq catégories.

Voici quelques mots de vocabulaire pour vous aider à mieux comprendre.

l'artisanat	*self-employment (here)*
un classement	*classification*
déclasser/reclasser	*to downgrade/upgrade*
une amélioration	*improvement*
un critère	*criterion*
l'équipement sanitaire	*sanitation facilities*
4 étoiles de luxe	*luxury hotel*

Écoutez maintenant la conversation, puis répondez aux questions suivantes en choisissant la réponse correcte.

1   Combien de catégories d'hôtels avec des étoiles y a-t-il en France?
      4 / 5 / 6

2   Est-ce qu'il y a des hôtels sans étoiles?
      non / un peu / beaucoup

3   Qui décide le classement?
      Office du Tourisme / Ministre du Commerce / Ministre de l'Industrie

4   Y a-t-il des contrôles?
      oui / non / je ne sais pas

5   Combien de critères sont mentionnés dans cette conversation?
      6 / 8 / 10

TÂCHE 4

Vous continuez votre recherche de documentation sur l'industrie hôtelière en France. Vous trouverez ci-dessous un tableau des critères de classement des hôtels par catégorie. Ce tableau est incomplet, car les informations ont besoin d'être mises à jour.

Adressez-vous au directeur de votre hôtel, pour lui poser les questions qui vous permettront de remplir cette grille.

Exemple: **A** Quel est le nombre minimum de chambres pour un hôtel 4 étoiles de luxe?

              B 10

Complétez le tableau.

Performance Criteria

Speaking

S2.2   You are seeking factual information about routine matters, but will have to make sure that you obtain all the information required and that you check and clarify the information received so that your records are accurate.

Range:	Work activities varying from routine
Context:	Work
Mode of communication:	Face-to-face
Performance evidence:	The information obtained should be recorded in written form

ANNEXE I – HÔTELS DE TOURISME

DESCRIPTION DES AMÉNAGEMENTS Les indications (P) et (D) renvoient aux précisions et dérogations notées aprés ces tableaux	CATÉGORIES					
	sans étoile	1*	2*	3*	4*	4*L
NOMBRE DE CHAMBRES (P1)						
5 chambres minimum (D1)						
7 chambres minimum (D1)						
10 chambres minimum (D2)						X
LOCAUX COMMUNS						
Ascenseurs obligatoires (D3) dans les immeubles comprenant:						
5 niveaux (4 étages) ou plus						
4 niveaux (3 étages) ou plus						
3 niveaux (2 étages) ou plus						
2 niveaux (1 étage) ou plus						
Montecharge ou 2éme ascenseur (D4)						
Chauffage (ou climatisation)						
ÉQUIPEMENT DE L'HÔTEL						
Équipment sanitaire (eau chaude et froide à toute heure)						

	CATÉGORIES					
	sans étoile	1*	2*	3*	4*	4*L
Téléphone avec le réseau dans toutes les chambres						
Sanitaires privés						
Lavabo eau courante chaude et froide, avec robinet mélangeur, dans toutes les chambres						
Salles de bains ou de douches particulières dans (P9–D6)						
– au moins 20% des chambres (P10–P11)						
– au moins 40% des chambres (P10–P11)						
– au moins 80% des chambres (P10–P11)						
– toutes les chambres						
Équipement électrique des cabinets de toilette et salles de bains:						
1 point lumineux de lavabo (75W)						
1 prise de courant rasoir (l'installation devra être conçue de façon à interdire à toute personne immergée d'atteindre un commutateur ou une prise de courant)						
SERVICE						
Personnel						
Le personnel de réception et du hall doit parler:						
– une langue étrangère						
– deux langues étrangères dont l'anglais						
Petit déjeuner (P17)						
petit déjeuner servi dans les chambres						
Restauration (P18)						

TÂCHE 5

PRÉPARATION

A *Les diplômes hôteliers*

Les stagiaires de différentes nationalités comparent leur formation. Vous allez écouter un cours enregistré sur les qualifications en France. Avant d'écouter la cassette, apprenez le vocabulaire ci-dessous qui vous aidera à mieux comprendre.

l'apprentissage	*apprenticeship*
le niveau le plus bas	*the lowest level*
un lycée professionnel	*vocational secondary school*
un employé qualifié	*unskilled worker*
un employé spécialisé	*skilled worker*
les métiers d'encadrement	*management posts*
un lycée hôtelier	*catering college*
la gestion	*management*
élevé	*high*
atteindre	*to reach*
des cadres	*managers/supervisors*
l'École Supérieure de Commerce	*Business School*

Diplômes

- CAP   Certificat d'Aptitude Professionnelle *(lowest vocational qualification)*

- BEP   Brevet de l'Enseignement Professionnel *(Level 2 vocational qualification)*

- BTH   Brevet de Technicien de l'Hôtellerie *(Level 3 hotel management qualification)*

- BTS   Brevet de Technicien Supérieur *(higher technical qualification)*

 Écoutez maintenant la cassette et remplissez la grille de renseignements ci-dessous.

DIPLÔME	DURÉE DE PRÉPARATION	ÉTABLISSEMENT	OPTIONS	NIVEAU ET EMPLOIS
CAP				
BEP				
BAC				
BTH				
BTS				

B *Les emplois dans l'industrie hôtelière*

Par curiosité, vous regardez avec votre ami(e) des petites annonces pour des emplois dans l'hôtellerie et la restauration.

Regardez les annonces ci-dessous, et trouvez les renseignements suivants.

Hôtellerie - restauration

ROGER DUPONT RESTAURATION

871469 875256s30

recrute pour accompagner son développement
en région Nord - Pas-de-Calais

**UN CHEF D'EXPLOITATION CUISINE CENTRALE
CHEFS GERANTS**

30-35 ans - dynamiques et rigoureux
Expérience professionnelle confirmée en restauration collective.

Envoyer CV + photo à **Roger DUPONT S.A.** - route de Libercourt, 62220 CARVIN

871469 875256

■ 152524 RECH SERVEUSE restauration exp. et référence exigées, très bonne présentation, salaire motivant. Tél. 20/73/71/96

---

1 COMMIS DE CUISINE (081489 U)
Qualif : O.Q (P.1 - P.2,)
Description du poste : EP/B
1 commis de cuisine confirmé. Contrat à durée indéterminée 43h00 hebdo
Salaire : Hotelier
Lieu de travail : 62 ESCALLES

Hôtellerie Restauration

Sté de nettoyage rech.
FEMME DE CHAMBRE
bonne présentation.
Env. C.V. photo - Hôtel
IBIS - 2 rue Creuze
CALAIS.
VN 33 1958 33 8092

RESTAURANT Restauration rapide environs Berck, engage pour août, septembre **EMPLOYÉ(E) POLYVALENT(E) en restauration/SERVEUR(SE)**
Expérience service salle exigée. ☎ au 21.84.73.73 pour rendez-vous
VN 76 1994 76 8816

Recherche
JEUNE CHEF CUISINIER
Pour restaurant gastro.
☎ 20.49.08.00
VN 21 2121 21 2336

Hôtellerie Restauration

**LE GRAND HOTEL
LE TOUQUET
4 ETOILES 135 chambres**
recherche :
● un ou une réceptionniste qualifié(e), bonne présentation, bilingue.
● un homme d'entretien, bonne présentation, connaissances en peinture et plomberie.
Possibilité de logement.
Merci d'envoyer CV + photo à M. Gonzales,
Le Grand Hôtel
4 Bd de la Canche
62520 LE TOUQUET

VN 76 1929 76 8821

 **H ôtellerie**

■ RECH HOTESSES BARMAIDS, bar BB. Tél. 20.54.69.27 à partir de 14h.

H ôtellerie

■ LONDRES : Hotels, Pubs, Fast-Food, recrutent personnel français Anglais Basique. Tél 19.44.171.8396515. On parle français.

---

1 APPRENTI EN CUISINE ET 1 EN SALLE H OU F (EB) (083553 U)
Qualif : Manœuvre

Description du poste :
Pour hôtel restaurant/connaître les contraintes des métiers de la restauration (horaires...). Bonne présentation/être motivé pour le métier.
Apprentissage
Contrat à durée déterminée
43H00 hebdo
Lieu de travail : 62 CALAIS

1 Faites la liste des places offertes dans les annonces, puis cherchez leur équivalent en anglais.

2 Les heures hebdomadaires (par semaine) de travail.

3 Les qualités personnelles requises.

4 Les qualités ou expérience professionnelles requises.

5 Les documents requis pour poser sa candidature pour la place.

C Conversation entre deux stagiaires

Voici quelques mots de vocabulaire pour vous aider à mieux comprendre.

tronc commun	*common core*	les études de cas	*case studies*
l'informatique	*IT*	vivement qu'on ait fini!	*I can't wait to*
la comptabilité	*accounts/book-keeping*		*finish*

Jane et Françoise comparent leurs études. Écoutez leur conversation et notez si les renseignements ci-dessous sont **Vrais** ou **Faux**.

	VRAI	FAUX
1 Françoise est au lycée professionnel de Strasbourg.		
2 Jane a fini ses études il y a trois mois.		
3 Françoise prépare un BTS.		
4 Elle a choisi l'option 'gestion'.		
5 En Angleterre, il y a huit unités obligatoires.		
6 Françoise aime la comptabilité et le français.		
7 Jane trouve les études de cas difficiles.		

Maintenant, rejouez une conversation similaire avec un(e) partenaire et décrivez ce que vous étudiez dans votre propre formation.

TÂCHE 5

Votre co-stagiaire est belge. Vous discutez avec lui/elle et comparez vos formations respectives.

Pour vous aider, voici un programme-type d'un collège hôtelier privé en Belgique.

ENSEIGNEMENT TECHNIQUE HÔTELIER

PROGRAMME: GESTION HÔTELIÈRE

NIVEAU TROIS

I **TRONC COMMUN**
Français
Arithmétique
Éducation civique et sportive

II **OPTIONS MODULAIRES**
Langue 1 (néerlandais)
Langue 2 (anglais – allemand)
Langue 3 (allemand – espagnol)
Informatique
Comptabilité
Gestion
Géographie, tourisme
Oenologie
Psychologie
Travaux pratiques

III **STAGES EN ENTREPRISES**
Réception
Service en salle
Bar
Cuisine

IV **AUTRES OPTIONS**
Histoire de l'art
Marketing
Droit
Autres langues (italien – japonais – arabe)

Pour cette tâche, vous devez poser des questions à votre ami(e) et répondre aux siennes. Vous pouvez préparer vos questions d'avance en vous servant du programme et préparer vos réponses aux questions sur vos études à vous.

Utilisez le 'tu' pour cette conversation entre amis.

Performance Criteria

Speaking

S2.1   This should be an informal and friendly conversation, using the right tone and register to compare respective training courses. Don't hesitate to make comments or express surprise or interest and make sure you respond to questions about your own training appropriately.

Range: Matters of personal and shared work interest

Type of exchange: Factual information, explanations and opinions

Context: Informal social situation

Mode of communication: Face-to-face

Performance evidence: The conversation should be recorded

For this task, your assessor will play the part of your friend and use the sample programme as his brief. Do not ask questions which would contradict the information given, but be prepared to talk freely about your own training and your views about the two courses in an informal manner. Make sure that you initiate some of the questions yourself.

CORRIGÉS

Unité Un

TÂCHE 1
PRÉPARATION

A

VRAI:
8   (if they belong to chains), 9
FAUX:
1   80%
3   high
4   majority
6   generally independent
7   also road-side and shopping centres
10
NON DIT:
2, 5

B

1   talent
2   art
3   imagination
4   couronné
5   révélation
6   admiration

TÂCHE 2
PRÉPARATION

A

1   quality - simplicity - calories
2   smoked pork and beef - cheese - sausage
3   lard - sausage - smoked belly of pork
4   carrots - turnip - haricot beans - potatoes
5   fondue - raclette
6   potatoes - endives - Swiss chard
7   veal escalopes - pork chops

8 salad - local ham

9 white Jura wine - gentiane liqueur

B

1 un fumé

2 une potée

3 la poitrine

4 un navet

5 la raclette

6 un gratin

7 la bette

8 Appellation d'Origine Contrôlée

C

1 *What are the characteristics of the cuisine of your region?*
Quels sont les caractéristiques de la gastronomie de votre région?

2 *What products give your local cuisine its reputation?*
Quels sont les produits qui font la réputation de votre région?

3 *What exactly is a Comtois stew?*
Qu'est-ce que c'est exactement la potée comtoise?

4 *Are there any regional cheeses?*
Est-ce qu'il y a des fromages régionaux?

5 *They eat a lot of potatoes, don't they?*
On mange beaucoup de pommes de terre, non?

6 *And what about wine and alcohol?*
Et comme vins et alcool?

TÂCHE 3
PRÉPARATION

A

1 over five years

2 from local producers

3 by fast lorries bypassing the food market

4 herbs and wild rice

5 pheasants, hare and wild pigeon, venison and wild boar

6 wild mushrooms and truffles

7 mirabelle plums

8 his wine selection is rich, with more than 500 different varieties

B

1 **a** restaurant

b jambon, saucisse, pâtés, confitures, tisanes, pain

c généreuse, raffinée, saine, équilibrée, 'maison'

2 a fabricant, magasin
b pâtes
c artisanale, fraîches, qualité, savoir-faire, technique moderne, hygiène irréprochable, art des pâtes à l'ancienne, goût authentique, prix très doux

3 a restaurant
b thon, saumon fumé, cannellonis, sardines, homard, bouillabaisse, desserts, vins
c parfums, délicieuse, pure tradition, grand plaisir, carte des vins équilibrée

4 a région
b truffe, foie gras, agneau, cabécou (fromage), noix, vin
c paradis, authentiques, prestigieux, délectables

5 a produit
b miel, anis, orange, cacao, amande
c parfumées, enrichies

Unité Deux

PRÉPARATION

A

VRAI:
2, 4, 5
FAUX:
1 You will be on work experience in August.
3 You will be accommodated at the Hotel Miramar.
6 Albert Dupont is the Personnel Manager.

B

Les mois

janvier	juillet
février	août
mars	septembre
avril	octobre
mai	novembre
juin	décembre

Les heures

1 - 15h10	**5** - 4h40
2 - 9h50	**6** - 16h45
3 - 22h05	**7** - 23h25
4 - 12h20	**8** - 00h30

TÂCHE 2
PRÉPARATION

A

1 General Manager
2 Personnel Manager
3 Restaurant Manager
4 Reception Manager
5 Head Porter
6 Housekeeper

B

Mme Mersault   Chef de Réception
Mme Corbeau   Gouvernante
M. Gosteau   Directeur du Personnel
M. Lambert   Directeur-Général
M. Flaubert   Chef-concierge
M. Galliard   Maître d'Hôtel

C

1 *bar*   le bar
2 *seminar rooms*   les salles de séminaires
3 *banqueting suite*   la salle de banquet
4 *swimming pool*   la piscine
5 *health and fitness centre*   le centre de remise en forme
6 *restaurant*   le restaurant
7 *reception*   la réception
8 *souvenir shop*   la boutique
9 *hairdressing salon*   le salon de coiffeur
10 *café and winter garden*   le café et le jardin d'hiver
11 *piano bar*   le piano-bar
12 *sports facilities*   l'infrastructure sportive

TÂCHE 3
PRÉPARATION

A

VRAI:
1, 2, 5
FAUX:
3 Mark is working as a receptionist.

4   Claudine doesn't speak English at all.
6   They arrange to meet at quarter past eight.

Unité Trois

TÂCHE I
PRÉPARATION

A

1   M. Ferrani: He left the hotel this morning and left his diary in room number 308. If it is found, please contact him on 48.69.01.16.
Pass the message to the Housekeeper (la Gouvernante).

2   Mme Gévaudan: She has a restaurant booking on Saturday evening for 8pm, and would like to change it to 8.30pm. She will call back tomorrow afternoon.
Pass the message to the Restaurant Manager (le Maître d'Hôtel).

3   M. Mortier: He has reserved a room for this evening but his car has broken down and he will be arriving later than expected.
Pass the message to the Reception Manager (le Chef de Réception).

B

Les chiffres au-delà de 100

1 492	**2** 105	**3** 1450	**4** 956
5 623	**6** 9873	**7** 4318	**8** 1602

Les numéros de téléphone

1 82.19.15.65	**2** 25.40.49.89
3 36.01.39.54	**4** 73.42.27.28

Les jours de la semaine

jour	matin	après-midi	soir
lundi	X		
mardi			X
mercredi			X
jeudi	X		
vendredi	X		
samedi		X	
dimanche		X	

TÂCHE 2
PRÉPARATION

A

VRAI:
2a, 2c, 2d, 3, 6, 8
FAUX:
1	The hotel is open all the year round.
2b	The hotel garden is private.
4	A double room costs 450F including breakfast.
5	The banqueting suite has 180 covers.
7	M. Rantian lives at 5 rue Sauvagnat.

PAS DIT:
2e

B

credit cards accepted
official tourist grading
hotel telephone number
hotel fax number
prices of rooms
children's menu (prices from)
closing dates and days
German spoken
Italian spoken
telephone in rooms
car park
meeting and seminar rooms
children's playground
indoor heated swimming pool
fitness centre
bicycle rental
9/18 hole golf course
rooms suitable for disabled
dogs allowed in hotel
dogs allowed in rooms only
soundproofing

'business stop' hotel
no restaurant
hotel telex number
number of rooms
set menu prices
half-board prices
English spoken
Spanish spoken
TV in rooms
secure parking
lift
park or garden
open-air swimming pool
sauna, Turkish bath, jacuzzi
tennis court
mini-golf
establishment suitable for disabled
restaurant suitable for disabled
dogs allowed in restaurant only
air conditioning

TÂCHE 3
PRÉPARATION

A

Message laissé par: Mme Sancy (secretary to M. Pardieu)

Message pour: M. Pardieu
Chambre/emplacement du client: Matisse Conference Room
Message: Must phone Señor Vàzquez in Spain (Tel: (34) 59.32.01.44) before midday
regarding the last delivery

Message laissé par: Roger Gauthier
Message pour: M. Baraduc
Chambre/emplacement du client: Room 549
Message: Caller will be approximately half an hour late. Apologies to M. Baraduc. He will
meet the client as arranged in the bar at 8.45pm

TÂCHE 4
PRÉPARATION

A

1   VRAI:
    b, d
    FAUX:
    a   The restaurant is next to the bar.
    c   The client booked a table for four.
2   VRAI:
    e, f
    FAUX:
    g   The client took nothing from the mini-bar.
    h   The client pays by credit card.

Unité Quatre

TÂCHES 1 et 2
PRÉPARATION

A

a   apprentis (*apprentice*)
b   un plongeur (*washing-up staff*)
c   commis (*commis*)
d   un chef de partie (*head of section*)
e   boucher (*butcher*)
f   cafetier (*breakfast chef*)

j   pâtissier (*pastry-cook*)
k   poissonnier (*fish cook*)
l   rôtisseur (*roast cook*)
m   saucier (*sauce chef*)
n   steward (*steward*)
o   tournant (*cover chef*)

g charcutier (*pork butcher*)
h entremétier (*egg chef*)
i garde-manger (*larder/store chef*)

p un sous-chef (*deputy head-cook*)
q chef de cuisine (*head cook - chef*)

Le **chef de cuisine** dirige l'équipe. Il fait la cuisine, prépare le menu, passe les commandes aux fournisseurs. Le **sous-chef** l'aide et le remplace s'il est absent. Il y a généralement plusieurs **chefs de partie** qui ont des **commis** sous leurs ordres. Le **plongeur** lave la vaisselle et les ustensiles de cuisine. **L'apprenti** apprend le métier en cuisine.

Les chefs de partie sont chacun responsables d'une spécialité ou bien ils ont une fonction spéciale: le **cafetier** prépare les petits déjeuners, le **boucher** et le **charcutier** s'occupent des viandes, le **rôtisseur** des viandes rôties et le **poissonnier** du poisson. Le **saucier** fait les sauces, le **pâtissier** les gâteaux et l'**entremétier** est responsable des œufs et des soupes.

Il y a aussi un **garde-manger** qui est responsable du stockage des marchandises et un **steward** qui dirige les plongeurs et s'occupe de l'entretien de la vaisselle, de l'argenterie, des verres etc. Enfin, le **tournant** remplace tous les autres quand ils sont en congé ou malades!

B

1 E	**2** I	**3** A, B, C, J	**4** E
5 partout	**6** partout	**7** D	**8** D

C

1 chambres froides
2 entrepôt
3 cuisson
4 déchets
5 épicerie
6 légumes
7 laverie/plonge
8 pesée
9 plats chauds
10 produits surgelés

D

1 prepares ingredients; garnishes dishes; washes kitchen and equipment
2 puts products and food away in larder; fridges; freezers
3 costs each dish and the profit margin; cooks the most difficult dishes; helps team
4 looks after silver and china; supervises washing-up staff; is in charge of cleanliness and hygiene

E

VRAI:
3, 4
FAUX:
2 one hour

6 no animals are allowed
NON DIT:
1 non wrapped-up meat
5 not in text

G

1c, 2f, 3a, 4g, 5d, 6b, 7e

TÂCHES 3 et 4
PRÉPARATION

A

1f, 2a, 3l, 4e, 5n, 6j, 7b, 8g, 9d, 10i, 11m, 12k, 13c, 14h

B

1e, 2j, 3g, 4f, 5h, 6a, 7i, 8b, 9c, 10d

C

1 scallops with hazelnuts
2 rabbit cooked with garlic and chives
3 pears 'Belle Hélène'

Recette 1

Ingrédients	*Verbes*	*Récipients*
1 coquilles St Jacques (*scallops*)	**1** laver (*wash*)	**1** poêle (*frying pan*)
2 beurre (*butter*)	**2** détacher (*to separate*)	**2** coquille (*shell*)
3 échalottes (*shallots*)	**3** trancher (*to slice*)	**3** verre (*glass*)
4 noisettes (*hazelnuts*)	**4** hacher (*to chop*)	
5 vin blanc sec (*dry white wine*)	**5** faire fondre (*to melt*)	
6 crème fraîche (*fresh cream*)	**6** mettre (*to put*)	
7 persil (*parsley*)	**7** salir (*to add salt*)	
	8 poivrer (*to add pepper*)	
	9 laisser (*to let/leave*)	
	10 répartir (*to distribute*)	
	11 jeter (*to throw away*)	
	12 ajouter (*to add*)	
	13 servir (*to serve*)	

Recette 2

Ingrédients	*Verbes*	*Récipients*
1 lapin (*rabbit*)	**1** chauffer (*to heat*)	**1** poêle (*frying pan*)

2 gousses d'ail (*cloves of garlic*)
3 ciboulette (*chives*)
4 beurre (*butter*)
5 huile (*oil*)
6 vin blanc (*white wine*)
7 crème fraîche (*fresh cream*)
8 farine (*flour*)
9 jaunes d'œufs (*egg yolks*)
10 carottes (*carrots*)
11 oignon (*onion*)
12 bouquet garni

2 dorer (*to brown*)
3 saupoudrer (*to sprinkle*)
4 mélanger (*to mix*)
5 ajouter (*to add*)
6 couvrir (*to cover*)
7 faire cuire (*to cook*)
8 mettre (*to put*)
9 conserver au chaud (*to keep warm*)
10 passer au chinois (*to sieve*)
11 porter à ébullition (*to bring to the boil*)
12 réduire (*to reduce*)

2 cuillère à soupe (*soup spoon*)
3 chinois (*sieve*)

Recette 3

Ingrédients
1 *pear*
2 *syrup*
3 *water*
4 *sugar*
5 *chocolate*
6 *milk*
7 *butter*
8 *ice-cream*
9 *almond*

Verbes
1 *peel*
2 *prepare*
3 *bring to the boil*
4 *leave to simmer*
5 *cover*
6 *cook*
7 *strain*
8 *stir*
9 *add*
10 *coat*
11 *decorate*
12 *serve*

Adjectifs
1 *with lemon*
2 *with vanilla*
3 *hot*
4 *smooth*
5 *melted*
6 *cool*
7 *split*

1 J'utilise des poires Williams.
2 Je prépare le sirop avec l'eau, le sucre et le sucre vanillé que je porte à ébullition.
3 Je fais cuire les poires doucement pendant 30 minutes.
4 Je fais cuire la sauce au bain-marie.
5 La sauce est servie chaude.

Unité Cinq

TÂCHE 1

PRÉPARATION

A

VRAI:
2, 5, 6
FAUX:
1 La réservation est pour trois personnes.

3   Ils sont arrivés en avance.
4   Ils attendent leur fille.

B

1   Voudriez-vous prendre un apéritif en attendant?
2   Veuillez laisser vos manteaux ici.
3   Veuillez attendre un instant.
4   Voudriez-vous faire une réservation?
5   Veuillez passer à table.
6   Voudriez-vous regarder la carte?
7   Voudriez-vous une table près de la fenêtre?
8   Veuillez épeler votre nom.

C

Mme Baudry	Le Symphonie Exotique - champagne with exotic fruits
M Baudry	L'Impérial à la pêche - peach liqueur with white wine from the Saumur region
Kir traditionnel	Crème de cassis and white wine
L'Impérial	Similar to a Kir but made with white wine from the Saumur region and a choice of flavoured liqueurs (blackcurrant, raspberry, peach or blackberry)

D

1   Le Gin Fizz
2   Le Brillante
3   Le Paradis sans Alcool
4   Les Remparts
5   Le Dauphin Bleu
6   Le Bloody Mary

TÂCHE 2
PRÉPARATION

A

	Restaurant	Specialities	Features
1	Les Trois Pommes d'Orange	* ice-creams * home-made pastries	* 17th century building * warm welcome
2	Ma Bicoque	* fine cuisine, well-presented * excellent cellar	* former farmhouse * water garden

3	Le Piazza	* pizzas cooked in wood-burning ovens * Italian food	* air-conditioned rooms * vaulted cellars * outdoor terrace
4	Le Valaisan	* Swiss cuisine * meat cooked on wood-burning grills	* Swiss décor * mountain atmosphere
5	L'Écu de France	* Nordic specialities * rapid service of fine French cuisine	* welcoming atmosphere * banqueting suite
6	L'Eau à la Bouche	* market-style food * Fisherman's platter * foie gras * veal sweetbreads * cheeses	* 18th century building

B

1	M. Pierrot	* snails * beef fillet cooked in Chinon wine	c Le Coq d'Or
2	Mme Clappier	* langoustine ravioli * fried escalopes of salmon	a Le Saint Charles
3	M. Royer	* lamb couscous * Moroccan pastries * Sangria	b À la Détente

C

M. Lemaire	minestrone Tournai-style rabbit with a gratin of dauphinois potatoes and courgettes cooked in butter
Mme Lemaire	Quercy-style platter lamb with fresh pasta

D

Starters	Quercy-style platter Minestrone of crabs and scallops with basil Scrambled eggs with morel mushrooms Stuffed courgette flower on a *concassé* of radishes and chervil

Meat	Lamb in a light stew
	Roast pigeon
	Tournai-style rabbit
Fish	Monkfish stew
	Pan-fried turbot with goose livers
Vegetables	Fresh pasta
	Mille-feuille of potatoes with cèpes
	Gratin of dauphinois potatoes
	Courgettes cooked in butter
	Baby vegetables
	Cèpe flan
	Fried potatoes with wild mushrooms

TÂCHE 3

PRÉPARATION

A

1	Customer has waited 40 minutes for his meal – can wait no longer as he has a business meeting in 20 minutes and has to leave immediately.	Bills only for what has been consumed – 10% discount.
2	Meat is undercooked and the pasta is cold.	Offers choice of another meal and gives a bottle of wine on the house.
3	Doesn't eat meat or fish – no vegetarian dishes on the menu.	Consults the chef – offers cepe omelette or fresh pasta with artichoke hearts. Both dishes come with a selection of the day's vegetables.

C

1 Knife to be replaced immediately.
2 The cleaning costs will be reimbursed by the restaurant.
3 The correct dish will be brought at once.
4 It will be reheated immediately.
5 An after-dinner drink is offered on the house.
6 A discount of 10% is offered.

TÂCHE 4
PRÉPARATION

A

a	Crêpes Georgette	Crêpes filled with a pineapple and rum flavoured cream.
b	Île flottante	Meringue floating on a sea of custard.
c	Tarte tatin	A sort of upside-down apple tart on a pastry base.
d	Gâteau St Honoré	Choux buns placed in a circle with Chantilly cream in the centre.

B

VRAI:
3, 5
FAUX:
1 It's a meringue floating on custard.
2 No she doesn't.
4 There are five – strawberry, chocolate, vanilla, lemon, pistachio.

TÂCHE 5
PRÉPARATION

A

1 légumes au curry
2 potage fermier
3 croque-monsieur
4 poulet piquant
5 pâté de truite fumé
6 croque-madame
7 courgettes farcies
8 croustade d'œuf brouillé
9 omelette (jambon, fromage, champignons)

B

1 M. Poncet	479	Toasted ham and cheese sandwich and a still mineral water.	To be delivered in 15 minutes.
2 Mme Orcier	504	2 pâtés, 1 mushroom omelette, 1 ham omelette and tea for two.	
3 Mlle Cochet	37	Soup and bread.	To be delivered in 10 minutes.

Unité Six

PRÉPARATION

A

a Avez-vous des courgettes?
b Avez-vous de l'ananas?
c Avez-vous des fraises?
d Avez-vous du céleri?
e Avez-vous de la laitue?
f Avez-vous des oranges?

Combien?
per kilo
per pound
per bunch
per packet
per dozen
per 100
per crate
per box
per cardboard box

À vous maintenant

Partenaire A	**Partenaire B**
1 Avez-vous des fraises?	1 Non, pas aujourd'hui.
2 Quand en aurez-vous?	2 Dans deux ou trois jours.
3 Elles coûtent combien la livre?	3 Sept francs.

B

1 Des pommes de terre Charlotte pour faire en salade.
2 Jeudi soir.
3 Le marchand aura les pommes de terre dans trois jours, trop tard.
4 4F le kilo la semaine dernière.
5 50kg de pommes de terre pour jeudi après-midi.

C

1 Je voudrais des pommes de terre Bintje / pour faire de la purée / il me les faut pour demain
2 Je voudrais des Belles de Fontenay / c'est pour cuire à la vapeur / j'en ai besoin aujourd'hui
3 Avez-vous des Roseval? / pour cuire en gratin / c'est pour dimanche

TÂCHE 2
PRÉPARATION

A

Les vins de France
a11, b6, c1, d10, e8, f3, g9, h2, i5, j7, k4

Appellations

- AOC   Vin d'Appellation d'Origine Contrôlée
  (Wine from a specific area – quality controlled)

- Année de réserve   (special year)

- vin de pays   (Good local wine)

- Grand Cru   (Wine from a well-known vineyard)

- Cuvée . . .   Vin provenant de la récolte d'une même vigne
  (Wine coming from one crop of a vineyard)

- vin de table   Table wine
  (ordinary, blended wine)

B

1 No fast rule, personal taste. Generally red wine with red meat and cheese, white wine with fish, sea-food and white meat, light red or rosé with white meat, sweet wine with desserts, champagne with anything except cheese.

2 Light wines, cheaper wines, dryer or younger ones.

3 Strong food, food in vinaigrette, soups and vegetables.

4 Alsace or Chablis for the whites, Beaujolais or rosé.

5 Light red or rosé, Alsace wines.

6   **a** Bordeaux at room temperature.

     b Generous red wine. Like Côte du Rhône or Bourgueil.

     c Full-bodied red wine.

7 Sweet wine.

8 With any dish except cheese, or on its own.

Température pour servir le vin

Frappé *0 à 5°C*	*Très frais* *5 à 8°C*	*Frais* *10 à 12°C*	*Chambré* *14 à 16°C*	*Température ambiente 16 à 18°C*
	Champagne 6 à 7°C	rosé 12°C	Bordeaux rouge 14°C	rouge vieux 16°C
	blanc sec 8 à 12°C ⟶		vin de pays rouge 15°C	
	blanc moelleux 8°C	rouge léger 12°C blanc de Bourgogne 12°C		

Vins et plats

a 8/9/10
b 1/2/11
c 3/8/9/10/12/13
d 7/8/11/13
e 8/13/10
f 3/8/9/10/12
g 1/3/13
h 1/4/5
i 8/9/10
j 6
k 4
l 3/9
m 2/4/5
n 9/10
o 2/9/12/13

Le plus versatile: Un bon Bordeaux rouge? Un petit vin de pays?

C

1	rouge foncé, violacé	évolué, puissant, truffe, sous-bois	puissant, ardent
2	paille verte	intense, miel, épices, poire, genêts	fin, fruit, floral
3	sombre	mûre, cassis, vanille, épices	ample, tanins gras, fruité
4	grenat brillant	intense, réglisse, torréfaction, sous-bois	délicat, équilibré, concentré

TÂCHE 3
PRÉPARATION

A

Dover sole	yes	5kg
mackerel	no	
king prawns	yes	3kg
scallops	no	
mussels	yes	30 litres

B

Notre **société** emploie dix personnes. Lorsqu'un client passe une **commande**, il demande si le **prix** inclut la TVA.

Quand c'est une grosse commande, nous accordons une **remise** de 5% plus une **prime de fidélité** à nos clients réguliers.

Nous **livrons** la marchandise par rail, mais le **port** est payé par le client. Quand la demande excède **l'offre**, les prix **montent**.

C

Partenaire A

1 Allô, ici XXX de la société YYYY.

2 Vous avez de la confiture de framboise?

3 C'est de la confiture pur fruit?

4 La boite de 5kg coûte combien?

5 Vous accordez une remise pour une commande de 50kg?

6 Et vous pouvez livrer immédiatement?

7 Bon, d'accord je vous envoie la commande par télécopie aujourd'hui.

Partenaire B

1 Bonjour, M./Mme, je peux vous aider?

2 Oui, en boites de 1, 3 ou 5kg.

3 Oui, bien sûr.

4 75F (price may be different).

5 Oui, nous pouvons vous offrir 5%.

6 La prochaine livraison dans votre ville est dans dix jours.

7 Entendu, merci Monsieur/Madame.

D

1	snails	36F	per dozen
2	red Bordeaux	29F95	a bottle
3	shallots	18F40	a pound
4	chicken	9F35	a kilo
5	tins of tuna	158F	a box of 12 tins
6	coffee	14F30	a 500g packet

TÂCHE 4
PRÉPARATION

A

1 check delivery, counting items against order and delivery notes
2 check condition of goods on arrival and 'use by' date
3 check temperature of goods on arrival
4 take goods to storage place without damaging them
5 store goods according to agreed procedures
6 complete documentation as required

B

1	livrer	la livraison
2	vérifier	la vérification
3	utiliser	l'utilisation (*f*)
4	entreposer	l'entreposage (*f*)
5	consommer	la consommation

6	porter	le port
7	endommager	les dommages (*m*)
8	ranger	le rangement
9	procéder	la procédure
10	opérer	l'opération (*f*)
11	documenter	la documentation

C

1 a, b, c, e, f, h, j
2 a, b, c, e, f, l?
3 a, b, c, d, e, h, k, l?
4 a, b, c, e, g, h? i, j, l?
5 a, b, c, g, h, i, j
6 a, b, c, e? h? i? j
7 b, c, e, j, l?
8 b, c, d, k, m
9 b, c, d, e? j, k, l, m, n
10 c, d, j? k, l, m? n
11 c, d, j, k, m, n
12 a, c, j, k, l, m, n

Unité Sept

TÂCHE I
PRÉPARATION

A

VRAI:
3, 4, 5, 7, 8
FAUX:
1 M. Hubert welcomes the ladies and gentlemen
2 later in the morning
6 15 hectares

B

Le futur
1 Il présentera son hôtel.
2 Nous prendrons la sortie 94.
3 Vous aurez l'opportunité de visiter le château.
4 L'hôtel offrira un accueil chaleureux.
5 Ils proposeront une exposition sur leur établissement.
6 Je serai content de vous accueillir.

Les pronoms
1 L'hôtel vous offre le grand confort.
2 Je vous présente M. Voltaire.
3 Ils vous propose une visite de l'établissement.
4 Elle vous promet un excellent séjour.
5 Je vous souhaite la bienvenue.

TÂCHE 2
PRÉPARATION

A

1	Simenon	12	with tables
2	Appolinaire	56	conference format
		120	lecture format
3	Hergé	12	with tables
4	Magritte	30	
5	Horta	14 ⎱	Can be made into one room
6	Grévisse	14 ⎰	for 28 people with tables

B

1	two groups of 10 in the morning but these will combine in the afternoon	Horta/Grévisse
2	at least 95 people	Appolinaire
3	a group of 29 people (28 delegates plus the trainer)	Magritte

C

1 rétroprojecteur
2 photocopieuse
3 cabines de traduction et interprètes
4 sonorisation
5 caméra vidéo
6 matériel didactique de base
7 projecteur dias et pupitre
8 secrétariat
9 machine à écrire
10 lecteur vidéo et moniteur
11 écran et tableau

D

1 Flipchart, marker pens, overhead projector, screen and board.
2 Slide projector.

3   There is a supplementary charge and it must be booked 48 hours in advance.
4   Available at reception.
5   Full-board accommodation, use of the seminar room, two coffee-breaks, free use of the fitness centre and the sports facilities.

TÂCHE 3
PRÉPARATION

A

1	M. Faugeras	residential seminar for 15, 7 single rooms, 4 double rooms full-board for 2 nights	FB 137700
2	M. Tachet	non-residential, 1 day seminar for 10 people, half-board	FB 17500
3	Mme Granoux	residential 5 day seminar for 8 people, 3 single rooms full-board, 1 double room full-board	FB 182500

B

1   Accommodation, buffet-style breakfast, lunch and/or dinner with drinks (two glasses of beer or wine plus water), use of seminar room with basic equipment, water in the seminar room, two tea/coffee-breaks with biscuits, free use of the swimming pool, service charges and VAT.

2   The same as for the residential seminar but without the accommodation and breakfast.

D

1   15% of price of the seminar room
2   200F per person
3   20F per person
4   30F per person
5   90 days notice – 10% of total cost
    less than 10 days notice – full cost charged

F

1   Rooms must be vacated by 12 noon or another night's accommodation will be charged.
2   Rooms should be locked and the key left at reception when the customers are out.
3   There should be no noise or disturbance between the hours of 10pm and 7am.
4   No drinks may be brought into the hotel and placed in the mini-bar – if any products from outside are found, a charge of 50F per day will be made.

5 Animals are allowed but a supplementary charge will be made.
6 Breakfast is served from 7.30am to 10am.

TÂCHE 4
PRÉPARATION

A

1 Activités sportives: rambling, bicycle rides, horse-riding, bungy-jumping
2 Visites culturelles: Caen – Peace monument
                           Bayeux – gothic cathedral, lace museum, the Bayeux Tapestry

B

Nature et paysage:
1 river
2 sandbanks
3 slopes
4 ponds
5 borders/flowerbeds
6 banks
7 terraces

Sport et loisirs:
1 rambling (on foot, by bicycle or on horse-back)
2 water sports
3 golf
4 plane
5 helicopter or hot-air balloon rides over the châteaux
6 steam train rides

D

1 Château (a former royal residence).
2 Musée de l'Hôtel de Ville.
3 Musée de la Poste (history of the postal service).
4 Manoir de Clos Lucé (where Leonardo da Vinci died) with exhibition of models of his major inventions.

Unité Huit

TÂCHE 2
PRÉPARATION

A

en cas d'incendie
fermez bien
le balisage
la sortie
signal d'alarme
fermez portes et fenêtres sans vérouiller
l'arrivée des sapeurs-pompiers
mouillée et étanchée
des linges humides

TÂCHE 3
PRÉPARATION

A

1   1857
2   2927
3   154
4   57,8%
5   11,9%
6   12,3%
7   46,3%
8   27,8%

TÂCHE 4
PRÉPARATION

A

1   5
2   un peu
3   Ministre du Commerce
4   oui
5   8

TÂCHE 5
PRÉPARATION

A

CAP	X	lycée professionnel, apprentissage	cuisine, restaurant, hôtel, cave	commis, employé
BEP	X	lycée professionnel	cuisine, réception, salle, hôtel	employé qualifié
BAC	2 ans	lycée professionnel	restaurant	X
BTH	X	lycée hôtelier	cuisine, restaurant, réception, secrétariat	encadrement
BTS	X	X	X	postes de responsabilité

B

1   **a** chef, chef/manager
    b waitress
    c kitchen commis
    d chambermaid, general assistant, waiter or waitress, young cook
    e receptionist, maintenance man
    f barmaids
    g French staff
    h kitchen and restaurant apprentices
2   43 heures
3   dynamique – rigoureux – bonne présentation – motivé pour le métier
4   expérience professionnelle – bilingue – connaissances en peinture et plomberie – connaissances des contraintes du métier
5   CV – photos – références

C

VRAI:
5, 7
FAUX:
1   Hôtelier
2   dans trois mois
3   BTM
4   réception
6   pas le français

TEXTE DES CASSETTES

Unité Un

TÂCHE 1
PRÉPARATION

A **Les types de restauration en France**
les usagers
une toque
le prix
géré
le/la propriétaire
une crêperie
le bord des routes
la même nourriture
un repas

La restauration collective dans les entreprises, les écoles, les hôpitaux est réservée aux usagers de ces établissements.

La restauration commerciale constitue 80% de l'industrie, et on peut distinguer trois types principaux de commerces de restauration:

• Les 'grands restaurants' sont classés avec 3 étoiles ou toques minimum et sont généralement connus sous le nom de leur chef. La cuisine y est superbe . . . et les prix aussi!

• La restauration traditionnelle, les 'petits restaurants' sont les plus nombreux (1 ou 2 étoiles). Ils servent une cuisine familiale ou régionale et offrent toujours des menus à prix fixes.

Ces deux types de restaurants sont le plus souvent indépendants et gérés par leur propriétaire.

• La 'néo-restauration' comprend la restauration rapide, les libre-services, snacks-bars, pizzerias, sandwicheries, crêperies etc. Ces établissements sont situés dans les centre-villes, au bord des routes ou dans les centres commerciaux. Ce sont souvent des chaînes qui servent la même nourriture dans tous leurs établissements.

On peut aussi manger des repas simples et à petits prix dans les cafés (bistrots, brasseries).

C Conversation téléphonique

– Allô, Office du Tourisme, puis-je vous aider?

– Bonjour, Madame, je suis John Goodman de Londres, je suis étudiant en restauration et je prépare un rapport sur la gastronomie en France.

– Oui, je comprends.

– Pouvez-vous m'envoyer une documentation sur votre région?

– Oui, qu'est-ce que vous voulez exactement?

– Des renseignements sur les produits locaux, les spécialités culinaires, les plats typiques et les restaurants bien sûr.

– D'accord. Je vous envoie ce que nous avons. Puis-je avoir vos coordonnées Monsieur?

– Alors, . . . c'est M. Goodman.

– Vous pouvez épeler votre nom s'il vous plaît?

– Oui, G-deux O-D-M-A-N.

– Ah oui, Goodman, merci, et votre adresse?

– 56 Old Street (O-L-D), Londres N1 5AT, en Angleterre.

– Bien, merci.

– Merci beaucoup de votre aide.

– De rien, à votre service et bonne chance pour votre rapport.

– Merci, au revoir Madame.

L'alphabet

A B C D E F G H I J K L M N O P Q R S T U V W X Y Z

PRÉPARATION

A L'interview de M. Leblanc

TOURISTE:	Quelles sont les caractéristiques de la gastronomie de votre région?
M. LEBLANC:	En pays de Montagne, les produits sont d'excellente qualité, attestée par des AOC. De plus, on note la simplicité de la préparation, ce qui n'empêche pas le plaisir à la dégustation bien sûr. Il faut en outre que le client y trouve son compte de calories pour résister au froid . . .
TOURISTE:	Quels sont les produits qui font la réputation de votre cuisine locale?
M. LEBLANC:	Il y a d'une part les fumés de porc ou de bœuf, d'autre part les fromages; et puis aussi les saucisses, de Morteau ou de Montbéliard, . . . et la potée comtoise bien sûr.
TOURISTE:	Qu'est-ce que c'est exactement la potée comtoise?
M. LEBLANC:	Une livre de lard, une saucisse de Morteau, 200g de poitrine salée mise à bouillir une demi-heure, auxquels on ajoute trois carottes, un navet, 300g de haricots secs qu'on laisse cuire une heure et quart avant

	d'ajouter six pommes de terre pour encore un quart d'heure de cuisson . . .
TOURISTE:	Excusez-moi, pouvez-vous répéter plus lentement.
M. LEBLANC:	Alors, on fait bouillir du lard, une saucisse et de la poitrine de porc et on ajoute des carottes, un navet et des haricots secs, puis des pommes de terre. C'est délicieux!
TOURISTE:	Est-ce qu'il y a des fromages régionaux?
M. LEBLANC:	Oui, bien sûr. Il y a le Mont d'Or que l'on mange en fondue avec du vin blanc du Jura ou en raclette, et le Comté. Le Comté, on l'utilise pour les gratins, de pommes de terre, d'endives, de bettes ou de viandes comme des escalopes de veau ou des côtes de porc.
TOURISTE:	On mange beaucoup de pommes de terre, non?
M. LEBLANC:	Les 'röstis' sont typiques de la région. On les sert coupées en rondelles et dorées à la poêle, avec de la salade et du jambon du pays.
TOURISTE:	Et comme vins et alcool?
M. LEBLANC:	Les vins blancs du Jura sont excellents, mais pour digérer, rien ne vaut une liqueur de gentiane.

B un fumé
une potée
la poitrine
un navet
la raclette
un gratin
la bette
Appellation d'Origine Contrôlée

TÂCHE 3
PRÉPARATION

A Vocabulaire

1	Crêt l'Agneau	restaurant
		jambon, saucisse, pâtés, confitures, tisanes, pain
		généreuse, raffinée, saine, équilibrée, 'maison'
2	Boîte à Pâtes	fabricant, magasin
		pâtes
		artisanale, fraîches, qualité, savoir-faire, technique moderne, hygiène irréprochable, art des pâtes à l'ancienne, goût authentique, prix très doux
3	Épuisette	restaurant

thon, saumon fumé, cannellonis, sardines, homard,
bouillabaisse, desserts, vins
parfums, délicieuse, pure tradition, grand plaisir, carte des vins
équilibrée

4 Lot   région
truffe, foie gras, agneau, cabécou (fromage), noix, vin
paradis, authentiques, prestigieux, délectables

5 Marseillotes   produit
miel, anis, orange, cacao, amande
parfumées, enrichies

TÂCHE 3

1 Auberge Grillobois   Le Grillobois vous réserve d'agréables moments gastronomiques. Quatre menus (98, 130, 170 et 230F) et une belle carte pour découvrir notamment la 'salade de petits filets de rougets à la provençale', le 'tartare de saumon frais', la 'blanquette de lotte aux petits oignons' ou les 'queues de crevettes à la niçoise'. D'excellentes viandes vous y sont aussi proposées. Les desserts vous permettront de terminer votre repas d'une façon excellente. La carte des vins, bien équilibrée, représente toutes les régions de France.

2 La Cuisine provençale   Tout l'art de la cuisine provençale c'est d'utiliser au maximum des produits du terroir, des produits bon marché qui demandent beaucoup de soin et une longue préparation.

Avec quatre légumes auxquels on ajoute un peu d'ail et d'huile, on obtient tout le parfum de cette cuisine. La courgette est d'origine américaine, le poivron a été ramené par Christophe Colomb, l'aubergine est originaire de l'Inde et la tomate des Andes.

3 Le Globe   Il propose une cuisine aux accents niçois; confit de lapereau au romarin, gaspacho de rouget au basilic, salade aux herbes délicates; ou encore petits rougets au romarin et à l'orange, tomates à l'ail doux etc. Trois menus à 125F, 160F et 190F. Les prix sont très raisonnables. Il faut compter à la carte de 250F à 300F. Une très belle table.

4 L'Olivier et l'ail   On ne compte plus aujourd'hui que 200 000 arbres, alors qu'il y en avait 24 millions avant le terrible hiver de 1955. Mais la France, l'Europe et le reste du monde voient une hausse régulière de la consommation d'olives. À côté de l'huile d'olive qui est fêtée chaque année à la St Vincent, le 22 janvier, il existe un autre élément de base de la cuisine provençale: l'ail. La saison de l'ail est assez courte. Elle commence au printemps et se termine le 29 septembre par la fête de la St Michel. L'ail a aussi ses spécialités propres: l'aïoli dont la base est constituée d'ail pilé et la tapenade: purée aillée d'olives et de câpres.

5 Pierrot

Ce sympathique établissement vous réserve un accueil des plus souriants, pour un repas à prix très doux. À la carte, outre les pizzas et les salades gourmandes, il y a de belles spécialités régionales comme les 'moules farcies à la provençale', ou les 'tagliatelles au pistou'. La carte des vins est dans le ton de la maison avec de bons crus sudistes (des Côtes de Provence aux vins italiens).

Unité Deux

TÂCHE 1

PRÉPARATION

B Une conversation téléphonique

je voudrais parler avec
ne quittez pas
Gosteau à l'appareil
je vais faire un stage en août
quand comptez-vous . . . ?
vol numéro
prenez la navette
sera de service
il s'occupera de vous
au plaisir de

RÉCEPTIONNISTE: Allô, Hôtel de Paris, je peux vous aider?

KEVIN: Je voudrais parler avec M. Gosteau le Directeur du Personnel s'il vous plaît.

RÉCEPTIONNISTE:	Ne quittez pas.
M. GOSTEAU:	Gosteau à l'appareil.
KEVIN:	Bonjour M. Gosteau, je suis Kevin Duncan de Bristol. Je vais faire un stage dans votre hôtel en août et vous m'avez demandé de vous téléphoner pour vous dire la date de mon arrivée.
M. GOSTEAU:	Ah oui, M. Duncan. Alors le stage commence le premier août. Quand comptez-vous arriver?
KEVIN:	Je prends l'avion vol Air France numéro 048 le 30 juillet. J'arrive à l'aéroport de Nice à 20h30.
M. GOSTEAU:	Très bien, je note, le 30 juillet à 20h30.
KEVIN:	C'est cela. L'hôtel est loin de l'aéroport?
M. GOSTEAU:	Dans le centre-ville, prenez la navette pour le centre-ville et puis un taxi pour l'hôtel.
KEVIN:	Très bien.
M. GOSTEAU:	Vous arriverez à l'hôtel vers 22 heures. Mon assistant M. Thomas sera de service. Il s'occupera de vous.
KEVIN:	Vous pouvez épeler son nom s'il vous plaît?
M. GOSTEAU:	Bien sûr. T-H-O-M-A-S.
KEVIN:	Merci bien.
M. GOSTEAU:	De rien M. Duncan. Au plaisir de vous rencontrer. Au revoir.
KEVIN:	Merci encore de votre aide. Au revoir.

Les mois

janvier	mai	septembre
février	juin	octobre
mars	juillet	novembre
avril	août	décembre

Les dates

le trente juillet	le neuf juin	le premier août

Les heures

20h30	22h00	12h15	MAIS minuit dix

1	15h10	**5**	4h40
2	9h50	**6**	16h45
3	22h05	**7**	23h25
4	12h20	**8**	00h30

TÂCHE 2
PRÉPARATION

A Les fonctions du personnel
1. Directeur-Général
2. Directeur du Personnel
3. Maître d'Hôtel
4. Chef de Réception
5. Chef-concierge
6. Gouvernante

B Bonjour à tous et bienvenue à l'Hôtel de Paris. Permettez-moi de me présenter – je suis M. Gosteau, le Directeur du Personnel. C'est un grand plaisir de vous accueillir ici ce matin – j'espère que vous vous êtes bien installés et que vous êtes prêts à commencer votre stage chez nous.

D'abord je vais vous présenter en gros la structure de l'hôtel du point de vue du personnel. En tant que Directeur du Personnel je suis responsable pour tout le personnel de l'hôtel sous la direction de M. Flaubert, le Directeur-Général, que vous rencontrerez plus tard dans la matinée. Étant un hôtel de 4 étoiles, il y a bien sûr d'autres responsables. Pour ceux qui vont travailler au restaurant, M. Galliard, notre Maître d'Hôtel, s'occupera de vous. Le Chef de Réception, Mme Mersault, s'occupera de ceux qui travailleront dans ce domaine, et M. Lambert, le Chef-concierge, de ceux qui vont travailler comme bagagistes. Pour ceux qui feront leur stage comme femme ou valet de chambre, Mme Corbeau, la Gouvernante, vous expliquera votre travail cet après-midi. Je vais maintenant vous expliquer en plus de détail comment fonctionne notre hôtel – si vous avez des questions, n'hésitez pas à me les poser.

C Les facilités de l'hôtel

1. le bar
2. les salles de séminaires
3. la salle de banquet
4. la piscine
5. le centre de remise en forme
6. le restaurant
7. la réception
8. la boutique
9. le salon de coiffeur
10. le café et le jardin d'hiver
11. le piano-bar
12. l'infrastructure sportive

TÂCHE 3
PRÉPARATION

A **Le premier jour de travail**

salut!
pas trop dur?
la femme de chambre
pas du tout
ça te plaît?
c'est fatigant
prendre un verre
un bar du coin
des copains
je voudrais bien

CLAUDINE:	Salut! C'est ton premier jour non? Ça va? Pas trop dur?
MARK:	C'est toujours un peu difficile le premier jour mais ça va bien. Vous êtes . . . ?
CLAUDINE:	Ah pardon. Je suis Claudine Leclerc – je suis femme de chambre.
MARK:	Je suis Mark Jones.
CLAUDINE:	Tu es stagiaire n'est-ce pas?
MARK:	Oui. J'étudie l'hôtellerie en Angleterre et je passe mes vacances ici en stage.
CLAUDINE:	Tu parles très bien le français! Moi, je ne parle pas du tout l'anglais. Où est-ce que tu travailles?
MARK:	Je suis réceptionniste.
CLAUDINE:	Il y a beaucoup de touristes anglais en ce moment. Ça te plaît?
MARK:	Oui beaucoup, mais c'est fatigant quand on n'a pas l'habitude de parler français. Je dormirai bien cette nuit.
CLAUDINE:	Si tu n'es pas trop fatigué, nous pouvons prendre un verre ensemble ce soir. J'ai rendez-vous avec des copains à 20h30 dans un bar du coin.
MARK:	Oui, je voudrais bien.
CLAUDINE:	D'accord. Je te vois dans le parking à 20h15 alors. À tout à l'heure.
MARK:	À tout à l'heure et merci.

B **Dans le bar**

des endroits dans l'arrière-pays
à Nice même?
dis-moi 'tu'
boîtes de nuit
la haute saison
une bonne ambiance
sympa

un problème grave
santé!

CLAUDINE:	Nous voilà! Qu'est-ce que tu prends? Une bière?
MARK:	Oui.
CLAUDINE:	Tu vas passer combien de temps ici?
MARK:	Un mois en stage et puis je vais visiter un peu la région. Il y a beaucoup à faire?
CLAUDINE:	Oui. Il y a les plages bien sûr, mais il y a aussi des endroits dans l'arrière-pays, St Paul de Vence et Grasse, et tu peux aller jusqu'à Monaco ou bien l'Italie.
MARK:	Et à Nice même? Vous connaissez bien la ville?
CLAUDINE:	Dis-moi 'tu' s'il te plaît. Il y a la vieille ville et la Promenade des Anglais. Pour sortir le soir il y a beaucoup de boîtes de nuit.
MARK:	Très bien. Et toi, tu travailles depuis longtemps à l'hôtel?
CLAUDINE:	Depuis un an.
MARK:	Et ça te plaît?
CLAUDINE:	Pour le moment oui. C'est très fatigant pendant la haute saison, mais il y a une bonne ambiance dans le personnel.
MARK:	J'ai rencontré le Directeur du Personnel aujourd'hui. Il est sympa.
CLAUDINE:	Oui, tous les directeurs sont sympas, sauf quand il y a un problème grave! Ah voilà nos bières! Santé!

Unité Trois

PRÉPARATION

A Messages à prendre
mon agenda
samedi soir
serait-il possible?
je vous rappelerai
ma voiture est tombée en panne
plus tard que prévu

1 Bonsoir, je suis M. Ferrani, F-E-R-R-A-N-I. Je suis parti de votre hôtel ce matin et j'ai laissé mon agenda dans la chambre numéro 308. Si vous l'avez trouvé, pouvez-vous me téléphoner. C'est le 48.69.03.16. Merci. Au revoir.

2 Bonsoir, c'est Mme Gévaudan, G-É-V-A-U-D-A-N, à l'appareil. J'ai une réservation au restaurant samedi soir à 20 heures. Serait-il possible de la changer pour 20h30? Je vous rappelerai demain dans l'après-midi pour votre réponse. Merci. Au revoir.

3 Bonjour. Ici M. Mortier, M-O-R-T-I-E-R. J'ai réservé une chambre pour ce soir mais ma voiture est tombée en panne et j'arriverai plus tard que prévu. Merci. Au revoir.

B Les chiffres au-delà de 100

100	200	310	948	1200	5421

Écrivez les chiffres que vous entendez.

1	492	**3**	1450	**5**	623	**7**	4318
2	105	**4**	956	**6**	9873	**8**	1602

Les numéros de téléphone

48.69.03.16   96.00.45.10

Notez les numéros de téléphone.

1	82.19.15.65	**3**	25.40.49.89
2	36.01.39.54	**4**	72.42.27.28

Les jours de la semaine

samedi matin	samedi après-midi	samedi soir

samedi après-midi	lundi matin	vendredi matin
mardi soir	dimanche après-midi	jeudi matin
mercredi soir		

C Passer les messages

RÉCEPTIONNISTE: Allô, c'est bien Mme Loucheur la Gouvernante?

GOUVERNANTE: Oui c'est ça.

RÉCEPTIONNISTE: M. Ferrani, qui a quitté l'hôtel ce matin, a laissé son agenda dans la chambre.

GOUVERNANTE: C'était quel numéro?

RÉCEPTIONNISTE: Chambre numéro 308. Si vous le trouvez, pouvez-vous lui téléphoner. Son numéro de téléphone est le 48.69.03.16.

GOUVERNANTE: Entendu, merci.

RÉCEPTIONNISTE: De rien.

TÂCHE I

Bonjour, ici Mme Préau, P-R-E-A-U, de Superfrance. Je voudrais réserver deux salles de séminaires pour la semaine prochaine: c'est à dire pour le lundi 15 avril de 10h30 à 17 heures si c'est possible. Je voudrais aussi réserver cinq chambres simples pour le 14 et le 15 avril et une table au restaurant pour dix personnes le 14 avril à 19h30. Je vous rappelerai demain matin pour confirmer tous les détails – s'il y a un problème vous pouvez me contacter au 16.95.42.72 jusqu'à 18h30 ce soir. Merci. Au revoir.

PRÉPARATION

A Un appel téléphonique
quelques renseignements
toute l'année
un parking souterrain
. . . dispose de 180 couverts
bien à l'avance
je peux vous envoyer

RÉCEPTIONNISTE:	Allô, Hôtel le Castelet. Je peux vous aider?
CLIENT:	Oui. Je suis M. Rantian. Je voudrais quelques renseignements sur votre hôtel. Vous êtes ouvert toute l'année?
RÉCEPTIONNISTE:	Oui Monsieur.
CLIENT:	Et quelles sont les facilités que vous offrez aux clients?
RÉCEPTIONNISTE:	Alors, il y a un restaurant, deux bars, une piscine et un jardin privé. Il y a aussi un parking souterrain.
CLIENT:	Et dans les chambres?
RÉCEPTIONNISTE:	Toutes nos chambres ont une salle de bain, le téléphone et la télévision.
CLIENT:	Très bien. Vous acceptez les chiens?
RÉCEPTIONNISTE:	Oui, mais dans les chambres uniquement.
CLIENT:	Et la chambre c'est combien?
RÉCEPTIONNISTE:	La chambre double coûte 450F la nuit, petit déjeuner compris. La chambre simple coûte 350F.
CLIENT:	Est-ce que vous organisez les noces?
RÉCEPTIONNISTE:	Bien sûr Monsieur. Notre salle des banquets dispose de 180 couverts, mais il faut réserver bien à l'avance. Si vous voulez bien, je peux vous envoyer notre brochure qui vous sera peut-être utile.
CLIENT:	Oui, très bien.
RÉCEPTIONNISTE:	Votre nom s'il vous plaît?
CLIENT:	M. Rantian, R-A-N-T-I-A-N.
RÉCEPTIONNISTE:	Et votre adresse?
CLIENT:	5 rue Sauvagnat, 63011 Clermont-Ferrand.
RÉCEPTIONNISTE:	Vous pouvez épeler le nom de la rue s'il vous plaît?
CLIENT:	Sauvagnat, S-A-U-V-A-G-N-A-T.
RÉCEPTIONNISTE:	Merci. Alors je vais demander au responsable du marketing de vous envoyer toutes les informations.

CLIENT:	Merci beaucoup. Au revoir.
RÉCEPTIONNISTE:	De rien Monsieur. Au revoir.

B La légende des abréviations

cartes bancaires acceptées	hôtel 'étape affaires'
classement tourisme	hôtel sans restaurant
téléphone de l'hôtel	télex de l'hôtel
fax de l'hôtel	nombre de chambres
prix des chambres	prix menus
menu enfant (à partir de)	prix demi-pension
dates et jours de fermeture	anglais parlé
allemand parlé	espagnol parlé
italien parlé	télévision dans chambres
téléphone dans chambres	garage fermé
parking	ascenseur
salles de réunions/séminaires	parc ou jardin
aire de jeux	piscine plein-air
piscine couverte chauffée	sauna, hamman, jacuzzi
salle de gym	tennis
location de vélos	mini-golf
golf 9/18 trous	établissement équipé handicapés
chambres équipées handicapés	restaurant équipé handicapés
chiens acceptés dans l'établissement	chiens acceptés dans les chambres
chiens acceptés dans le restaurant uniquement	uniquement
climatisation	insonorisation

TÂCHE 3
PRÉPARATION

A Les appels téléphoniques
Premier appel
il est actuellement en réunion
cette réunion a lieu dans . . .
c'est de la part de qui?
à propos de
notre dernière livraison
l'indicatif du pays
je lui ferai la commission

CLIENTE:	Allô, c'est bien l'Hôtel du Pont Neuf?
RÉCEPTIONNISTE:	Oui Madame, je peux vous aider?
CLIENTE:	Oui je voudrais laisser un message urgent pour M. Pardieu, P-A-R-D-I-E-U. Il est actuellement en réunion à votre hôtel – c'est la conférence de la Société Flashcar.
RÉCEPTIONNISTE:	Alors, une seconde . . . Oui, cette réunion a lieu dans la salle Matisse. C'est de la part de qui? Et quel est le message?
CLIENTE:	C'est Mme Sancy, S-A-N-C-Y – je suis la secrétaire de M. Pardieu. Bien, nous avons reçu un fax d'un client très important en Espagne qui voudrait parler avec M. Pardieu à propos de notre dernière livraison. Il faut que M. Pardieu téléphone à Señor Vázquez avant midi. Le numéro en Espagne c'est le 59.32.01.44. L'indicatif du pays c'est le 34.
RÉCEPTIONNISTE:	Alors je répète, 59.32.01.44, l'indicatif du pays c'est le 34. Vous pouvez épeler le nom de votre client s'il vous plaît.
CLIENTE:	Vázquez, V-Á-S-Q-U-E-Z.
RÉCEPTIONNISTE:	Très bien. M. Pardieu devra téléphoner avant midi pour lui parler de la dernière livraison. Je lui ferai la commission tout de suite.
CLIENTE:	Merci. Au revoir.
RÉCEPTIONNISTE:	De rien Madame. Au revoir.

Deuxième appel

ne quittez pas
je vous le passe
la ligne est occupée
pouvez-vous le prier de m'excuser

RÉCEPTIONNISTE:	Allô, l'Hôtel Tourette, je peux vous aider?
CLIENT:	Oui, je voudrais parler avec M. Baraduc. C'est la chambre numéro 549.
RÉCEPTIONNISTE:	Ne quittez pas, je vous le passe . . . Je suis désolée, mais la ligne est occupée. Je peux prendre un message?
CLIENT:	Oui, c'est de la part de Roger Gauthier.
RÉCEPTIONNISTE:	Vous pouvez l'épeler s'il vous plaît.
CLIENT:	G-A-U-T-H-I-E-R . J'ai rendez-vous avec M. Baraduc au restaurant ce soir à 20h15 mais je serai peut-être une demi-heure en retard. Pouvez-vous le prier de m'excuser et de m'attendre au bar comme prévu à 20h45.
RÉCEPTIONNISTE:	Et ce message est pour M. Baraduc, B-A-R-A-D-U-C?
CLIENT:	Oui, c'est cela.
RÉCEPTIONNISTE:	D'accord Monsieur, je lui ferai la commission.
CLIENT:	Merci, et au revoir.
RÉCEPTIONNISTE:	De rien Monsieur. Au revoir.

PRÉPARATION

A Demandes de renseignements
au fond du couloir
il vaut mieux
aucun problème
régler ma note

Dialogue 1

CLIENT:	Excusez-moi, pouvez-vous me dire où se trouve le restaurant?
RÉCEPTIONNISTE:	Oui Monsieur. Continuez jusqu'au fond du couloir à droite, et c'est juste à côté du bar.
CLIENT:	Ça ouvre à quelle heure le soir?
RÉCEPTIONNISTE:	A 19 heures Monsieur, et ça ferme à 23h30.
CLIENT:	Merci. Il faut réserver une table?
RÉCEPTIONNISTE:	Il vaut mieux Monsieur. Si vous voulez, je peux vous faire la réservation.
CLIENT:	Excellent! Alors une table pour quatre personnes pour 21 heures ce soir si c'est possible.
RÉCEPTIONNISTE:	Aucun problème Monsieur. C'est au nom de . . . ?
CLIENT:	Fayolle, F-A-Y-O-L-L-E. Chambre numéro 220.
RÉCEPTIONNISTE:	Très bien Monsieur.

Dialogue 2

CLIENT:	Voilà la clé de la chambre. Je voudrais régler ma note s'il vous plaît.
RÉCEPTIONNISTE:	Bien sûr Monsieur. C'est la chambre numéro 412 n'est-ce pas?
CLIENT:	C'est cela.
RÉCEPTIONNISTE:	Vous n'avez rien pris du mini-bar?
CLIENT:	Non, mais j'ai fait deux ou trois appels téléphoniques.
RÉCEPTIONNISTE:	Oui monsieur . . . alors, voilà votre facture.
CLIENT:	Très bien. Voilà ma carte de crédit.
RÉCEPTIONNISTE:	Merci Monsieur.

B L'impératif

Vous fermez la porte	Fermez la porte!
Vous allez tout droit	Allez tout droit!

Les directions

à droite	tout droit	en face de
à côté de	à gauche	devant
derrière		

C Où est...?

L'hôtel est construit en forme hexagonale. En entrant vous vous trouverez dans l'hexagone intérieur où est situé la réception. Directement derrière la réception se trouve la boutique où vous trouverez des souvenirs ainsi que d'autres choses qui peuvent vous être utiles, par exemple des cartes de la région, des livres etc. À gauche de la boutique vous trouverez le salon de coiffure pour hommes et femmes et, à côté de cela, le salon privé. Celui-ci est un endroit que nos clients peuvent réserver pour des réunions d'affaires privées. À droite de la boutique se trouve le bar et à côté de cela, le piano-bar.

Quant à l'extérieur, en entrant dans l'hôtel du grand parking il y a deux salles de séminaires: l'espace Baudelaire à gauche et l'espace Verlaine à droite. Tournez à gauche et, en suivant le couloir, le restaurant se trouve juste après l'espace Baudelaire. C'est un grand restaurant, la salle adjointe étant la salle de banquet qui dispose de 120 couverts. Puis après il y a deux autres salles de séminaires, l'espace Rimbaud et l'espace Lamartine, suivi du café. Juste en face du café se trouve le jardin d'hiver, un très joli endroit où vous pouvez manger en été. Continuez le long du couloir et vous trouverez la piscine couverte ainsi que le centre de remise en forme.

Unité Quatre

PRÉPARATION

A Le personnel et l'organisation de la cuisine
un apprentis
un boucher
un cafetier
un charcutier
un chef de cuisine
un chef de partie
un commis
un entremétier
un garde-manger
un pâtissier
un plongeur
un poissonnier
un rôtisseur

un saucier
un sous-chef
un steward
un tournant

C Vocabulaire

chambre froide
entrepôt
cuisson
déchets
épicerie
légumes
laverie ou plonge
pesée
plats chauds
produits surgelés

D Les employés décrivent leur travail

1 **Françoise: commis de cuisine**: Je sors les ingrédients, je les prépare; je fais les garnitures des plats et puis, à la fin du service, je nettoie la cuisine et je lave les ustensiles.

2 **Jérôme: garde-manger**: Je range les produits et la nourriture dans le garde-manger ou dans les réfrigérateurs ou congélateurs selon le cas.

3 **Frédéric: chef dans un restaurant renommé**: Un chef n'est pas forcément un génie, il faut surtout travailler dur. On doit calculer le coût de chaque plat et la marge de bénéfice. Mais on fait aussi la cuisine, les plats les plus difficiles, et on aide les autres membres de l'équipe.

4 **Francine: steward**: Je suis responsable de l'entretien et de la sécurité des objets chers comme l'argenterie et la porcelaine. Je dirige les plongeurs et je suis chargée de l'hygiène et de la propreté.

E les restes

les entrées
chaud
réchauffer
froid
refroidir

• La viande non emballée doit être entreposée de préférence en haut du réfrigérateur et pas à proximité des légumes et des poissons.

- Les entrées froides ne doivent pas être sorties du réfrigérateur plus d'une heure avant le service.

- Les restes du jour doivent être consommés en moins de 24 heures et être refroidis très rapidement.

- La congélation est interdite dans un congélateur domestique. Seul le *stockage* de denrées achetées congelées ou surgelées est autorisé.

- Les animaux sont interdits dans la cuisine et ses annexes.

TÂCHE 2

Règles de sécurité
- La porte de communication entre la cuisine et les salles ouvertes au public doit être pare-flamme pour une demi-heure et à fermeture automatique.

- Les cuisines doivent comporter une extraction d'air vicié, de vapeurs et de graisses construite en matériaux incombustibles, stables au feu pendant un quart d'heure et avec un filtre à graisse.

- Les appareils de cuisson doivent être en bon état et nettoyés régulièrement. Les circuits d'extraction d'air vicié et de graisse doivent être nettoyés complètement, y compris les ventilateurs, au moins une fois par an.

- Les cuisines doivent être équipées d'extincteurs accessibles, utilisables par le personnel et en bon état de fonctionnement.

- Le système d'alarme doit être en bon état de fonctionnement. Des consignes affichées bien en vue doivent mentionner: le numéro des pompiers, l'adresse du centre de premier secours, la conduite à tenir en cas d'incendie ou d'accident.

TÂCHES 3 et 4
PREPARATION

A **Les ustensiles de cuisine**
une cuillère à café
une tasse
un moule
une planche à découper
une fourchette
un bol
une cuillère à soupe
une bouteille
un verre

un plat
une poêle
un saladier
une assiette
une casserole

B Les ingrédients usuels
sucre
oignon
sel
œuf
farine
poivre
ail
huile
beurre
vinaigre

TÂCHE 3

Vocabulaire
noix
pâte feuilletée
coller
Épiphanie

La galette de l'Épiphanie
Ingrédients pour six personnes:
400g de pâte feuilletée
50g de noix hachées
1/2 cuillère à café de quatre-épices
3 cuillères à soupe de sucre brun
100g de crème fraîche
deux œufs

Préparation	20mn
Cuisson	40mn

Faites une crème en mélangeant les noix, les épices, le sucre et la crème fraîche battue avec un œuf. Sur une planche farinée, étalez la pâte et coupez deux ronds de 20 à 22cm de diamètre. Étalez la crème sur un des ronds, posez l'autre dessus et collez les bords avec un peu d'eau. Dorez la galette avec un œuf battu et faites cuire 40mn à four moyen (210° ou thermostat 7).

Servez la galette tiède avec un bon café.

Unité Cinq

PRÉPARATION

A Conversation

c'est à quel nom?
rencontrer
voudriez-vous . . . ?
en attendant
veuillez me suivre
laisser vos manteaux au vestiaire

JULIEN:	Bonsoir Monsieur, Madame. Je peux vous aider?
M. BAUDRY:	Oui, nous avons une réservation pour trois personnes à 20 heures.
JULIEN:	Très bien Monsieur. C'est à quel nom?
M. BAUDRY:	Baudry. B-A-U-D-R-Y.
JULIEN:	Un instant s'il vous plaît. Oui c'est une table pour trois personnes à 20 heures n'est-ce pas?
M. BAUDRY:	C'est cela. Nous sommes arrivés un peu en avance. Notre fille va nous rencontrer ici à 20 heures.
JULIEN:	Très bien alors. Voudriez-vous passer au bar prendre un apéritif en attendant?
M. BAUDRY:	C'est une bonne idée.
JULIEN:	Alors veuillez me suivre Monsieur, Madame. Vous pouvez laisser vos manteaux ici au vestiaire.
M. BAUDRY:	Merci.

B Les formules de politesse

Voulez-vous passer au bar?   Voudriez-vous passer au bar?
Suivez-moi   Veuillez me suivre

1   Voulez-vous prendre un apéritif en attendant?
    Voudriez-vous prendre un apéritif en attendant?
2   Laissez vos manteaux ici.
    Veuillez laisser vos manteaux ici.
3   Attendez un instant.
    Veuillez attendre un instant.
4   Voulez-vous faire une réservation?
    Voudriez-vous faire une réservation?

5 Passez à table.
Veuillez passer à table.

6 Voulez-vous regarder la carte?
Voudriez-vous regarder la carte?

7 Voulez-vous une table près de la fenêtre?
Voudriez-vous une table près de la fenêtre?

8 Épelez votre nom.
Veuillez épeler votre nom.

C vous avez choisi?
il y a tellement de choix
un Kir . . .
. . . au vin de Saumur
un choix de parfums
cassis
framboise
pêche
mûre

JULIEN:	Monsieur, Madame, vous avez choisi?
M. BAUDRY:	Je ne sais pas, il y a tellement de choix. Chérie, qu'est-ce que tu vas prendre?
MME BAUDRY:	Qu'est-ce que c'est 'La Symphonie Exotique'?
JULIEN:	C'est du champagne avec des fruits exotiques.
MME BAUDRY:	Alors je prends ça.
JULIEN:	Très bien Madame; et pour Monsieur?
M. BAUDRY:	'L'Impérial' qu'est-ce que c'est exactement?
JULIEN:	C'est un Kir au vin de Saumur. Vous avez un choix de parfums: cassis, framboise, pêche ou mûre.
M. BAUDRY:	Je vais prendre l'Impérial à la pêche s'il vous plaît.
JULIEN:	Très bien. Alors une Symphonie Exotique et un Impérial à la pêche.

TÂCHE 2

PRÉPARATION

B 1 M. PIERROT: Je suis allé à un petit restaurant sur la place principale. L'ambiance est très rustique et le restaurant est renommé pour la qualité des vins servis. J'ai pris des escargots comme entrée et puis le filet de bœuf au Chinon.

2 MME CLAPPIER: Moi, j'ai pris des raviolis de langoustines au basilic, suivi des escalopes de saumon poêlées. C'est un restaurant qui se spécialise en poissons.

3   M. ROYER: J'ai pris le menu spécial à 80F: un couscous royal à l'agneau puis des pâtisseries marocaines. C'était très sympa et la Sangria qu'on nous a préparée était excellente!

C oie fumée
des lamelles
gésier d'oie confit
le minestrone d'étrilles
aux pâtes fraîches
aux pruneaux et aux raisins

SERVEUR: Monsieur, Madame, vous avez choisi?

MME LEMAIRE   Oui, mais d'abord une petite question. Qu'est-ce que c'est exactement l'assiette quercynoise?

SERVEUR: C'est composé de tranches de foie gras, d'oie fumée et de lamelles de gésier d'oie confit.

MME LEMAIRE   Très bien, je prends ça alors.

SERVEUR: Et pour Monsieur?

M. LEMAIRE   Le minestrone d'étrilles et St Jacques au basilic.

SERVEUR: Et comme plat principal?

MME LEMAIRE   L'agneau est servi comment?

SERVEUR: Aux pâtes fraîches Madame.

MME LEMAIRE   Parfait.

SERVEUR: Et pour vous Monsieur?

M. LEMAIRE   Le lapin à la tournaisienne – qu'est-ce que c'est?

SERVEUR: C'est du lapin aux pruneaux et raisins cuit à la bière. Le plat est garni de gratin dauphinois et de courgettes cuites au beurre.

M. LEMAIRE   Excellent.

SERVEUR: Alors, pour Madame, l'assiette quercynoise suivie de l'agneau, et pour Monsieur le minestrone suivi du lapin à la tournaisienne. Je vous envoie le sommelier tout de suite. Merci.

TÂCHE 3
PRÉPARATION

A On fait une réclamation
faire une réclamation
je suis navré
cela ne vaut pas la peine
je vous enlève le plat

aux cœurs d'artichauts

1   CLIENT: Excusez-moi Monsieur, mais je dois faire une réclamation au sujet de ce repas.

     SERVEUR: Oui Monsieur. Quel est le problème exactement?

     CLIENT: J'ai commandé la sole véronique il y a 40 minutes et j'attends toujours.

     SERVEUR: Je suis navré Monsieur. Je vais parler au chef tout de suite.

     CLIENT: Cela ne vaut pas la peine. J'ai une réunion d'affaires dans 20 minutes et je dois partir maintenant. Apportez-moi l'addition pour ce que j'ai mangé et oublions le plat principal.

     SERVEUR: Très bien Monsieur. Je vous l'apporte immédiatement. Permettez-moi de vous offrir une remise de 10%.

2   SERVEUR: Tout va bien Madame?

     CLIENTE: Alors non, pas du tout. J'ai choisi le pavé de bœuf aux pâtes fraîches – la viande n'est pas suffisamment cuite et les pâtes sont froides.

     SERVEUR: Je suis vraiment désolé Madame. Je vous enlève le plat. Voulez-vous choisir un autre plat?

     CLIENTE: Oui, certainement.

     SERVEUR: Permettez-moi de vous offrir une bouteille de vin avec les compliments de la maison Madame.

3   SERVEUR: Vous avez choisi Madame?

     CLIENTE: C'est un peu difficile – je ne mange ni viande ni poisson et je ne vois pas de plat végétarien.

     SERVEUR: Attendez un instant Madame, je vais parler au chef.

     . . . Alors nous pouvons vous proposer une omelette aux cèpes ou bien des pâtes fraîches aux cœurs d'artichauts. Tous les deux sont garnis d'une sélection de légumes du jour.

C 1   CLIENT: Ce couteau est sale.

     MAÎTRE D'HÔTEL: Je vais vous le remplacer tout de suite.

2   CLIENT: La serveuse a renversé de la sauce sur la robe de ma femme.

     MAÎTRE D'HÔTEL: Envoyez-nous la note du nettoyage et nous vous rembourserons.

3   CLIENT: Je n'ai pas commandé ce plat. J'ai commandé le canard à l'orange.

     MAÎTRE D'HÔTEL: Je vous l'apporte tout de suite.

4   CLIENT: Le potage est froid.

     MAÎTRE D'HÔTEL: Je vais vous le réchauffer immédiatement.

5   CLIENT: J'ai dû attendre 15 minutes pour ma table qui était réservée pour 20 heures.

MAÎTRE D'HÔTEL: Permettez-moi de vous offrir un digestif.

6 CLIENT: Le service a été affreux.
MAÎTRE D'HÔTEL: Permettez-moi de vous offrir une remise de 10%.

TÂCHE 4
PRÉPARATION

A Quelques desserts
à l'envers
un fond de pâte
la crème anglaise
placés en couronne
fourrécs de

1 C'est une sorte de tarte aux pommes servie à l'envers sur un fond de pâte.
2 C'est une meringue flottant sur une mer de crème anglaise.
3 Ce sont des choux placés en couronne avec de la crème de Chantilly au centre.
4 Ce sont des crêpes fourrées d'une crème au rhum et à l'ananas.

B Regardez la carte des desserts
c'est à dire
vous avez quels parfums?
pistache

SERVEUR: Vous avez choisi Monsieur, Madame?
MME JUPPÉ: Oui, qu'est-ce que c'est 'l'œuf à la neige'?
SERVEUR: C'est comme une île flottante, c'est à dire une meringue sur de la crème anglaise.
MME JUPPÉ: Ah non alors, je n'aime pas les meringues. Je prends une mousse au chocolat.
SERVEUR: Très bien Madame. Et pour vous Monsieur?
M. JUPPÉ: Je prends la coupe de glace. Vous avez quels parfums?
SERVEUR: Fraise, chocolat, vanille, citron et pistache.
M. JUPPÉ: Une boule de vanille et une de pistache.
SERVEUR: Donc, une mousse au chocolat pour Madame et une coupe de glace, vanille et pistache pour Monsieur. Tout de suite Monsieur, Madame.

TÂCHE 5
PRÉPARATION

B 1 EMPLOYÉ: Allô Service de Restauration. Je peux vous aider?

CLIENT: Oui, ici M. Poncet – P-O-N-C-E-T, chambre numéro 479. Je voudrais commander un plat du menu.

EMPLOYÉ: Oui, j'écoute.

CLIENT: Alors, un croque-monsieur et une bouteille d'eau minérale non gazeuse.

EMPLOYÉ: Entendu – un croque-monsieur et une bouteille d'eau minérale plate. Le valet de chambre arrive dans 15 minutes Monsieur.

2 EMPLOYÉ: Allô Service de Restauration. Je peux vous aider?

CLIENTE: Oui, c'est la chambre numéro 504. Je voudrais commander deux pâtés et deux omelettes, une aux champignons et une au jambon.

EMPLOYÉ: Très bien. Deux pâtés, une omelette aux champignons et une au jambon pour la chambre numéro 504. C'est tout Madame?

CLIENTE: Non. Je voudrais du thé pour deux personnes.

EMPLOYÉ: Entendu Madame. C'est la chambre numéro 504. Votre nom s'il vous plaît?

CLIENTE: Orcier – O-R-C-I-E-R.

3 EMPLOYÉ: Allô Service de Restauration. Je peux vous aider?

CLIENTE: Je voudrais commander quelque chose à manger. Vous avez des sandwichs?

EMPLOYÉ: Je regrette Madame, tous nos plats du service en chambre sont indiqués sur la carte dans votre chambre.

CLIENTE: Ah bon, je prends du potage. C'est servi avec du pain?

EMPLOYÉ: Oui Madame. Alors un potage avec du pain. Quel est votre nom s'il vous plaît?

CLIENTE: Cochet – C-O-C-H-E-T. C'est la chambre numéro 37.

EMPLOYÉ: Très bien. Votre commande sera prête dans 10 minutes.

Unité Six

PRÉPARATION

A Acheter des pommes de terre
aujourd'hui
après-demain
dans un mois
demain
dans deux jours

B Conversation avec le marchand de légumes
j'en aurai
il me les faut
livrer
essayer
mettez-m'en

EMPLOYÉE:	Allô, ici le restaurant 'Le Charlot', vous avez des pommes de terre Charlotte?
MARCHAND DE LÉGUMES:	Non, pas cette semaine. C'est pour faire quoi?
EMPLOYÉE:	C'est pour servir en salade . . .
MARCHAND DE LÉGUMES:	Alors pourquoi pas des Belles de Fontenay ou des Roseval?
EMPLOYÉE:	Je préfère les Charlotte . . .
MARCHAND DE LÉGUMES:	J'en aurai dans trois jours.
EMPLOYÉE:	C'est trop tard, il me les faut pour jeudi soir.
MARCHAND DE LÉGUMES:	Je peux vous livrer jeudi après-midi . . .
EMPLOYÉE:	C'est un peu juste, mais on peut essayer; . . . si vous venez tôt dans l'après-midi . . . Et elles font combien?
MARCHAND DE LÉGUMES:	La semaine dernière, 4F le kilo.
EMPLOYÉE:	Bon, alors mettez-m'en 50kg.
MARCHAND DE LÉGUMES:	D'accord, 50kg de Charlotte pour jeudi après-midi . . .
EMPLOYÉE:	C'est ça, merci. . . .

TÂCHE 2

PRÉPARATION

B Quel vin servir avec quel plat?

• D'abord, il n'y a pas de règles concernant quel vin servir avec quel plat; c'est une question de goût personnel. Cependant, certains vins s'accordent mieux avec le goût de certains aliments.

• En règle générale, on sert du vin rouge avec de la viande rouge et du fromage, du vin blanc avec du poisson, des crustacés et de la viande blanche, du vin rouge léger ou du rosé avec de la viande blanche ou des entrées, des vins moelleux ou liquoreux avec les desserts. Le Champagne peut se servir seul ou avec tous les plats, sauf le fromage! Avec le foie gras, on sert traditionnellement un vin blanc liquoreux.

• On sert d'abord les vins plus légers ou moins bons, plus secs ou plus jeunes; puis, on passe aux vins meilleurs, plus corsés, plus vieux.

• Certains plats au goût très fort (comme les poissons fumés ou certains plats exotiques) ou très acides (comme les plats en vinaigrette), ou les soupes et légumes ne se marient pas facilement avec le vin.

• Parfois, on préfère servir un seul vin. Dans ce cas, un vin d'Alsace ou un Chablis sont une bonne idée de vin blanc. Si on préfère le rouge, on peut choisir un Beaujolais par exemple, ou alors un rosé d'Anjou ou de Provence.

• Voici quelques exemples de vins pour accompagner les plats suivants:

huîtres	Bordeaux blanc très frais (Graves – Entre-Deux-Mers)
crustacés	vin d'Alsace servi très frais (Sylvaner – Riesling)
poissons	Bourgogne blanc frais (Chablis – Pouilly Fuissé)
rôtis	un bon Bordeaux chambré (Pauillac – St-Émilion)
râgouts et gibier	un rouge plus corsé et moins chambré (Côte du Rhône – Bourgueil)
fromage	un rouge robuste

TÂCHE 2

1 Les vins de Cahors

Cultivé sur les terrasses du Lot, le Cot est le cépage principal du Cahors. Il doit représenter 70% de l'encépage total et donne au vin ses tannins, sa robe grenat et son aptitude au vieillissement. Deux cépages complémentaires, dans une proportion maximale de 30% s'ajoutent au Cot: le Merlot noir et le Tannat.

Un vin de Cahors jeune, légèrement tannique, accompagnera foies gras, viandes en sauce et charcuteries. Un vieux vin de Cahors aux parfums subtils, aux goûts complexes et raffinés se mariera avec les truffes, les viandes rouges accompagnées de cèpes et les gibiers. Servez un vin de Cahors jeune à la température de 14 à 15°, un vin de Cahors vieux après décantation dans une carafe à la température de 15 à 16°.

2 Le Châteauneuf-du-Pape

C'est un des vignobles les plus anciens et les plus célèbres de France. Les méthodes ancestrales y sont amoureusement préservées pour produire un vin dont le nom est synonyme d'authenticité. Le Châteauneuf-du-Pape rouge possède de rares vertus de vieillissement. Les tanins s'affinent et il prend de l'ampleur et de l'intensité. Treize cépages sont autorisés. Pour le rouge, c'est le Grenache qui est le cépage principal.

Les vins rouges élaborés avec Grenache, Syrah et Mourvèdre sont riches en arômes complexes variant de la prune au cassis. Ils font merveille sur les viandes rouges, rôtis, gibiers et fromages un peu forts.

3 St-Émilion

Les vins du bord de la Dordogne sont généreux et racés. Ils allient une grande finesse et une structure tannique qui les font admirablement vieillir. Merlot, Cabernet franc et Sauvignon sont les principaux cépages de ces vins très classiques d'une complexité et d'une élégance rare. C'est un vignoble traditionnel, les propriétés ne sont pas très grandes et tout le vin est mis en bouteille au château.

La robe est d'un beau rouge, le goût est fruité, les tanins sont discrets, c'est un vin qui apporte la gaieté!

PRÉPARATION

A Passer une commande par téléphone
je vous propose . . .
pourquoi pas . . . ?
essayez . . .
je vous conseille . . .
je vous recommande . . .
c'est combien? ça fait combien?
c'est cher/c'est bon marché
le prix est intéressant
c'est avantageux
c'est en promotion
c'est une offre spéciale

Le poissonnier téléphone

POISSONNIER: Allô, M. Legrand? Ici la poissonnerie La Sirène, qu'est-ce qu'il vous faut aujourd'hui?

CHEF: Qu'est-ce que vous avez d'intéressant à proposer?

POISSONNIER: J'ai des soles superbes à 35F, des petits maquereaux délicieux à 20F, des gros bouquets à 75F et des St Jacques à 119F.

CHEF: Hm . . . les soles sont bien avantageuses, mettez-m'en 5kg, et trois de bouquets. Vous n'avez pas de crevettes roses fraîches?

POISSONNIER: Non, il y a eu trop de tempête cette semaine. Les St Jacques, ça ne vous intéresse pas?

CHEF: Un peu trop chères, je vais attendre que ça baisse . . .

POISSONNIER: Pourquoi pas du maquereau? . . . ils sont beaux vous savez . . .

CHEF: Non, en cette saison, ça ne me dit rien . . . l'été je les fais mariner, mais . . . Vous avez des moules?

POISSONNIER: Oui, bien sûr.

CHEF: Bon, alors j'en prendrai une trentaine de litres.

POISSONNIER: OK, c'est tout?

CHEF: Oui, ça ira pour aujourd'hui.

POISSONNIER: D'accord, alors à plus tard.

CHEF: À tout à l'heure.

Jeu de rôle

- Allô, ici la boucherie Jeanlard, Monsieur, Madame Leroux?
- C'est bien ça, bonjour Monsieur.
- Qu'est-ce qu'il vous faut aujourd'hui?
- Trois kilos de côtes d'agneau, 5 poulets. Vous avez autre chose à recommander?
- J'ai du foie de veau à un prix très intéressant et de l'agneau de Nouvelle-Zélande très bon marché.
- Mettez-moi 4 kilos de foie de veau, mais je préfère l'agneau frais.
- Non, je suis désolé, je n'ai que du congelé cette semaine, c'est encore trop tôt.
- Vous n'avez pas de boudin?
- Si bien sûr, j'en ai du tout frais, fait hier. Vous en voulez combien?
- À peu près 5 à 6 kilos si c'est possible.
- Entendu. Et c'est tout?
- Non, je voudrais quelques os à moelle pour faire du bouillon.
- Bien, j'en ajouterai.
- Merci et à tout à l'heure.
- À tout à l'heure, au revoir.

B Les prix et conditions de livraisons

une société/une maison
le prix
une remise
une commande

en gros
une prime de fidélité
le port
livrer/la livraison
une facture
régler
l'offre
monter/augmenter

Notre société emploie dix personnes. Lorsqu'un client passe une commande, il demande si le prix inclut la TVA.

Quand c'est une grosse commande, nous accordons une remise de 5%, plus une prime de fidélité à nos clients réguliers.

Nous livrons la marchandise par rail, mais le port est payé par le client. Quand la demande excède l'offre, les prix montent.

D Les prix
1   Ces escargots coûtent 36F la douzaine.
2   Le Bordeaux rouge fait 49F95 la bouteille.
3   Les échalottes sont à 18F40 la livre.
4   Le poulet vaut 9F35 le kilo.
5   Les boîtes de thon font 158F le carton de 12.
6   Le café coûte 14F30 le paquet de 500g.

TÂCHE 4

PRÉPARATION

A Livraisons et entreposage
vérifier
un bon
l'état
un lieu
un entrepôt
entreposage
endommager
effectuer

1   Vérifiez la livraison en comptant les articles mentionnés sur le bon de livraison et le bon de commande.
2   Vérifiez l'état des marchandises et la date de consommation ou d'utilisation.
3   Vérifiez la température des marchandises livrées.

4 Portez les marchandises au lieu d'entreposage sans les endommager.

5 Rangez les marchandises selon les procédures prévues.

6 Effectuez les opérations de documentation nécessaires.

D La livraison n'est pas satisfaisante

LIVREUR: Voici votre livraison.

EMPLOYÉ: Je vérifie sur la commande et le bon de livraison. Nous attendons des poulets frais, des dindes surgelées, des œufs, de la farine, des plats préparés frais et des escargots surgelés.

LIVREUR: Trente poulets frais . . .

EMPLOYÉ: Oui, le compte y est, c'est bien ça.

LIVREUR: Dix plateaux de quatre douzaines d'œufs . . .

EMPLOYÉ: Ils sont tous de la même date? . . . oui, c'est bon, ils sont bien frais.

LIVREUR: Une douzaine de dindes surgelées.

EMPLOYÉ: Attendez que je vérifie la température.

LIVREUR: Elles sortent directement du camion frigorifique, il ne doit pas y avoir de problèmes, et voilà les escargots.

EMPLOYÉ: Il y a beaucoup trop de glace sur ces emballages, et regardez, les cartons sont mous; ils ont été dégelés et regelés, non, je ne peux pas accepter ça.

LIVREUR: Bon, je les reprends et on le barre sur la commande. Vous devrez signer le bon de renvoi.

EMPLOYÉ: Et il manque les quarante plats préparés assortis.

LIVREUR: Non, les voilà. C'est tout, je crois?

EMPLOYÉ: Oui, et n'oubliez pas de vérifier les escargots la prochaine fois.

LIVREUR: Sûrement qu'il y a un problème de stockage quelque part dans la chaîne du froid.

Unité Sept

PRÉPARATION

A M. Hubert fait une présentation

vous aurez l'opportunité

au cours d'une conférence

un manoir du quinzième siècle

un cadre exceptionnel

un accueil chaleureux

tout en étant

il suffit de prendre . . .

Bonjour mesdames et messieurs et bienvenue à l'Hôtel de l'Abbaye. Permettez-moi de me présenter: je suis Michel Hubert, Directeur des Conférences de l'établissement. Vous aurez l'opportunité plus tard dans la matinée de faire le tour de l'hôtel, mais je vous propose d'abord une petite exposition sur l'hôtel qui vous permettra de mieux apprécier les facilités et le confort qui vous seront offerts au cours d'une conférence résidentiel chez nous. L'Hôtel de l'Abbaye est, en effet, un manoir du quinzième siècle construit sur une villa romaine et, en étant très proche des châteaux de la Loire, est situé dans un cadre exceptionnel. L'ancien manoir, qui dispose de 50 chambres de luxe et huit salles de séminaires, est situé dans 15 hectares de parc et vous assure un accueil chaleureux dans l'espace et le silence, tout en étant à proximité de Nantes et de Poitiers – de l'autoroute A83, il suffit de prendre la sortie pour Bournezeau d'où l'hôtel se trouve à seulement 15 kilomètres.

B Le futur
vous aurez l'opportunité
qui vous permettra
j'aurai
tu présenteras
il permettra
elle offrira
nous serons
vous apprécierez
ils proposeront
elles prendront

1   Il présente son hôtel.
    Il présentera son hôtel.
2   Nous prenons la sortie 94.
    Nous prendrons la sortie 94.
3   Vous avez l'opportunité de visiter le château.
    Vous aurez l'opportunité de visiter le château.
4   L'hôtel offre un accueil chaleureux.
    L'hôtel offrira un accueil chaleureux.
5   Ils proposent une exposition sur leur établissement.
    Ils proposeront une exposition sur leur établissement.
6   Je suis content de vous accueillir.
    Je serai content de vous accueillir.

Les pronoms
Je vous propose
L'exposition qui vous permettra
Les facilités vous seront offertes
L'ancien manoir vous assure

1   L'hôtel offre le grand confort.
    L'hôtel vous offre le grand confort.
2   Je presente M. Voltaire.
    Je vous présente M. Voltaire.
3   Il propose une visite de l'établissement.
    Il vous propose une visite de l'établissement.
4   Elle promet un excellent séjour.
    Elle vous promet un excellent séjour.
5   Je souhaite la bienvenue.
    Je vous souhaite la bienvenue.

TÂCHE 2
PRÉPARATION

A **Les salles de séminaires**
comme vous pouvez constater
l'hôtel dispose de . . .
accueillir
enlever la cloison
ces deux salles adjointes
au-delà de 50 personnes
en école
en théâtre

Comme vous pouvez constater de notre brochure, l'hôtel dispose de six salles de séminaires de différentes capacités. Pour les petits groupes nous proposons les salles Simenon ou Hergé, avec tables, qui peuvent accueillir jusqu'à douze personnes. Les salles Horta et Grévisse peuvent accueillir jusqu'à quatorze personnes chacune, mais il existe aussi la possibilité d'enlever la cloison qui sépare ces deux salles adjointes – nous pouvons ainsi accueillir jusqu'à 28 personnes, avec tables. La salle Magritte est un peu plus grande encore et dispose de 30 places avec tables. Pour les très grands groupes nous proposons la salle Appolinaire qui dispose de 56 places en école ou de 120 places en théâtre.

B **1**   Nous sommes deux groupes de dix personnes. Nous voudrions une salle pour chaque groupe pendant la matinée, mais pour la réunion de l'après-midi il faut que les deux groupes se réunissent.

2   C'est pour une conférence assez importante car nous comptons réunir les directeurs de tous nos points de vente du nord de la France. À mon avis nous serons au moins 95 personnes.

3   C'est pour un séminaire de formation – il me faudra de la place pour 28 délégués, plus le formateur.

C   1   rétroprojecteur
    2   photocopieuse
    3   cabines de traduction et interprètes
    4   sonorisation
    5   caméra vidéo
    6   matériel didactique de base
    7   projecteur dias et pupitre
    8   secrétariat
    9   machine à écrire
    10 lecteur vidéo et moniteur
    11 écran et tableau

D   en quoi consiste-t-il?
    compris dans le forfait
    . . . dotées de
    sur demande
    il faut payer un supplément
    assurer sa disponibilité
    vous m'avez cité le prix
    l'hébergement
    deux pauses-café
    accès gratuit

M. DROUET:	J'ai lu dans votre brochure que toutes les salles de séminaires sont équipées de matériel de base. En quoi consiste-t-il exactement?
MME JANNET:	Le matériel de base, qui est compris dans le forfait, consiste d'un tableau mobile, avec marqueurs, et un rétroprojecteur. Toutes les salles sont également dotées d'un écran et d'un tableau. Un projecteur dias est disponible sur demande.
M. DROUET:	Et si je voulais un lecteur vidéo?
MME JANNET:	Ça, c'est possible mais il faut payer un supplément. Il faut le réserver 48 heures avant le séminaire pour assurer sa disponibilité.
M. DROUET:	Et pour faire des photocopies?
MME JANNET:	Il suffit de demander à la réception.
M. DROUET:	Vous m'avez cité le prix pour un séminaire résidentiel – que comprend ce prix?
MME JANNET:	Ce prix comprend l'hébergement en pension complète, l'utilisation de la salle de séminaire, deux pauses-café et l'accès gratuit à notre centre de remise en forme et notre infrastructure sportive.

TÂCHE 3

PRÉPARATION

A Reserver des séminaires

1 Je voudrais réserver une salle de séminaire pour quinze personnes le 16 et le 17 septembre au nom de Faugeras – F-A-U-G-E-R-A-S. C'est un séminaire résidentiel donc je voudrais aussi réserver sept chambres simples et quatre chambres doubles en pension complète pour les nuits du 15 et du 16.

2 Ici M. Tachet – T-A-C-H-E-T. J'ai une réservation pour un séminaire non-résidentiel d'une journée pour dix personnes en demi-pension.

3 J'ai réservé un séminaire résidentiel au nom de Granoux – G-R-A-N-O-U-X. C'est pour huit personnes du 9 au 13 mai inclus, donc cinq jours de séminaire. J'ai réservé trois chambres simples en demi-pension, trois chambres simple en pension complète et une chambre double en pension complète.

D un nombre minimum
moins de
la location
selon
annuler
un forfait
nous vous facturons . . .

MME BONNART:	J'ai regardé les tarifs séminaires que vous m'avez envoyés la semaine dernière et je voudrais vous poser quelques questions à ce sujet. Est-ce qu'il faut un nombre minimum de participants pour réserver une de vos salles de séminaires?
M. PRINGALLE:	Oui, le nombre minimum est de dix personnes. Si le séminaire est de moins de dix personnes, il y a un supplément à payer pour la location de la salle.
MME BONNART:	Et c'est combien ce supplément?
M. PRINGALLE:	C'est calculé selon les dimensions de la salle mise à votre disposition. Pour une petite salle qui peut accueillir jusqu'à douze personnes, le supplément est 15% du prix de la salle: c'est à dire 750F plus 15%, alors 862F par jour.
MME BONNART:	Et si je voulais un séminaire le samedi?
M. PRINGALLE:	Dans ce cas; il y a un supplément de 200F par personne par jour.
MME BONNART:	Les pauses-café comprennent des biscuits – si je voulais des pâtisseries?
M. PRINGALLE:	C'est 20F par personne en plus pour des pâtisseries. Si vous vouliez une pause-café supplémentaire, le prix est de 30F par personne.

MME BONNART: Si je réservais la salle et que je voulais l'annuler après, aurait-t-il un forfait à payer?

M. PRINGALLE: Oui, mais cela dépend du délai prévu. Par exemple, si vous annulez 90 jours avant la date d'arrivée nous vous facturons 10% des frais totaux. Si vous annulez moins de dix jours à l'avance, nous vous facturons le prix total de votre réservation.

TÂCHE 4
PRÉPARATION

A Mme Meunier fait une presentation
sentiers de pays balisés
la dentelle
la célèbre Tapisserie de la Reine Mathilde
un centre équestre
saut à l'élastique

Comme vous avez déjà pu le constater, l'hôtel est situé au cœur de la campagne – il y en effet 200 kilomètres de sentiers de pays balisés pour ceux qui aiment la randonnée – tout en étant à seulement 10 minutes de Caen et 20 minutes de Bayeux. Dans ces deux villes connues de tout le monde, il y a beaucoup de choses à découvrir. À Caen vous apprécierez les nombreux monuments parmi lesquels le mémorial de la Paix, et à Bayeux vous découvrirez la cathédrale gothique, le musée de la dentelle et la célèbre Tapisserie de la Reine Mathilde. Pour ceux qui aiment le sport, nous vous proposons la randonnée, pédestre ou à vélo, un centre équestre avec location de chevaux, ainsi que la première base de saut à l'élastique européenne pour ceux qui préfèrent le danger. Là direction peut vous organiser toutes sortes d'excursions et d'activités sportives selon vos goûts.

D je vous conseille
jadis
qui abrite
des liens avec
a terminé ses jours
des maquettes

MLLE HOREL: Que pouvez-vous me recommander comme excursion dans la région?

M. BEDARD: Eh bien, vous avez bien sûr Tours qui n'est pas loin d'ici, mais personnellement je vous conseille de visiter Amboise.

MLLE HOREL: Amboise? C'est où exactement?

M. BEDARD: C'est dans l'est de la région, à environ 20 kilomètres d'ici.

MLLE HOREL:	Et qu'est-ce qu'il y a à voir?
M. BEDARD:	C'est une très belle ville située sur le fleuve dont le château était jadis une des premières résidences royales. De plus, il y a de nombreux musées, par exemple le musée de l'Hôtel de Ville et le musée de la Poste.
MLLE HOREL:	Le musée de la Poste – c'est quoi?
M. BEDARD:	C'est un musée qui abrite des collections de l'histoire de la poste.
MLLE HOREL:	Il me semble qu'Amboise a aussi des liens avec Léonard de Vinci.
M. BEDARD:	En effet. Le Manoir du Clos Lucé où Léonard de Vinci a terminé ses jours est maintenant ouvert au public. On peut y voir des maquettes de ses principales inventions. C'est un endroit fascinant.

Unité Huit

PRÉPARATION

A Un questionnaire
en moyenne
moyen/moyenne
l'accueil
un mois
une entreprise
le lieu de travail
ailleurs

TÂCHE 2

Conduite à tenir en cas d'incendie
En cas d'incendie dans votre chambre
Si vous ne pouvez pas maîtriser le feu:
– gagnez la sortie en refermant bien la porte de votre chambre et en suivant le balisage;
– prévenez la réception.

En cas d'audition du signal d'alarme
Si les dégagements sont praticables:
– gagnez la sortie en refermant bien la porte de votre chambre et en suivant le balisage.

Si la fumée rend le couloir ou l'escalier impraticable:
– restez dans votre chambre;
– manifestez votre présence à la fenêtre en attendant l'arrivée des sapeurs pompiers.

NB: **1** Une porte mouillée et fermée, rendu étanche par des linges humides protège longtemps.

2 L'utilisation des ascenseurs est strictement interdite.

3 Certains ascenseurs spécialement protégés sont réservés à l'usage exclusif de personnes handicapées.

TÂCHE 3

Tourisme en Touraine

Chiffres clés. Hébergements en 1994:

• 6059 chambres dans 214 hôtels de tourisme (les deux tiers des chambres sont dans l'agglomération de Tours).

• Au niveau français, l'Indre-et-Loire représente 1,07% de la capacité d'accueil hôtelière de la France.

• Les clientèles touristiques de la Touraine sont par ordre d'importance: les Français (60% des nuitées dans l'hôtellerie de tourisme) et les Anglais (7,7%).

• Structure comparée du parc hôtelier:

1 étoile	Indre-et-Loire	14,8%	France	14,1%
2 étoiles		53,6%		54,9%
3 étoiles		25,3%		25,6%
4 étoiles		6,2%		5,4%

• Evolution des clients (en milliers):

Français	en 1988	574	soit	68,3%
	en 1993	569	soit	61,2%
Étrangers	en 1988	257	soit	30,6%
	en 1993	189	soit	33,2%

TÂCHE 4
PRÉPARATION

A **Conversation entre deux stagiaires**
l'artisanat
un classement
déclasser/reclasser
une amélioration
un critère
l'équipement sanitaire
4 étoiles de luxe

– Donc, il y a quatre catégories d'hôtels avec des étoiles en France?
– Non, cinq – 1, 2, 3, 4 étoiles et 4 étoiles de luxe.
– Et tous les hôtels ont des étoiles?
– Non, il y a des hôtels sans étoile, mais ils sont vraiment peu nombreux maintenant.
– Qui est-ce qui décide le classement?
– C'est le Ministre du Commerce, de l'Artisanat et du Tourisme.
– Et le classement est permanent?
– Oui, mais il y a des contrôles réguliers et les hôtels peuvent être déclassés ou demander à être reclassés s'ils effectuent des améliorations.
– Alors, quels sont les critères pour les différents hôtels?
– Eh bien, il y a le nombre de chambres, les équipements sanitaires et électriques et les autres facilités comme ascenseurs ou téléphone, télé etc dans les chambres; il y a aussi les services de restauration et le nombre de langues étrangères que parle le personnel.
– Mais je suppose que tous ces critères ne sont pas obligatoires dans tous les hôtels?
– Exactement! Plus on a d'étoiles, plus les critères sont nombreux bien sûr.
– Oui, alors, regardons les détails ensemble si tu veux bien . . .

TÂCHE 5
PRÉPARATION

A **Les diplômes hôteliers**
l'apprentissage
le niveau le plus bas
un lycée professionnel
un employé qualifié

un employé spécialisé
les métiers d'encadrement
un lycée hôtelier
la gestion
élevé
atteindre
des cadres
l'École Supérieure de Commerce

Il y a cinq diplômes hôteliers principaux en France, mais beaucoup de personnel hôtelier est formé par apprentissage.

Le CAP (Certificat d'Aptitude Professionnelle): c'est le niveau le plus bas et on peut suivre quatre options: cuisine, restaurant, hôtel, cave. On prépare ce diplôme dans un lycée professionnel ou dans le cadre d'un apprentissage et on devient commis (en restaurant) ou employé d'hôtel.

Le BEP (Brevet d'Études Professionnelles): c'est le deuxième niveau. C'est un diplôme d'employé qualifié avec un choix d'options (cuisine, réception, service en salle, service hôtelier). On le prépare dans un lycée professionnel.

Le Baccalauréat professionnel: Les étudiants qui sont reçus au BEP peuvent préparer cet examen de restauration uniquement dans un lycée professionnel. Les études durent deux ans.

Le BTH (Brevet de Technicien de l'Hôtellerie) prépare aux métiers d'encadrement en cuisine, restaurant, réception ou secrétariat. On le prépare dans un lycée hôtelier.

Le BTS (Brevet de Technicien Supérieur) de gestion hôtelière. C'est le diplôme le plus élevé. On le prépare après le baccalauréat ou le BTH et il permet d'atteindre tout de suite des postes de responsabilité. Certains cadres et directeurs viennent aussi directement d'écoles supérieures de commerce.

C Conversation entre deux stagiaires

tronc commun
l'informatique
la comptabilité
les études de cas
vivement qu'on ait fini!

JANE:	Tu es encore au collège?
FRANÇOISE:	Oui, je suis au lycée hôtelier de Strasbourg.
JANE:	Tes études durent longtemps?
FRANÇOISE:	Deux ans, et toi?
JANE:	Moi, j'ai encore trois mois, et puis j'ai fini.
FRANÇOISE:	Qu'est-ce que tu fais comme études?

JANE:	Je fais un diplôme national en études hôtelières, et toi?
FRANÇOISE:	Un brevet de technicien de l'hôtellerie, option réception.
JANE:	Moi, je fais hospitalité et restauration.
FRANÇOISE:	Qu'est-ce que tu étudies exactement?
JANE:	Il y a un tronc commun, des unités obligatoires et des options.
FRANÇOISE:	Le tronc commun, qu'est-ce que c'est?
JANE:	C'est communication, arithmétique et informatique.
FRANÇOISE:	Et les unités obligatoires?
JANE:	Il y en a huit. On étudie toutes les fonctions de l'industrie.
FRANÇOISE:	Et comme option, qu'est-ce que tu fais?
JANE:	Moi, je fais français parce que je pense que les langues c'est important dans notre métier, mais on peut faire autre chose.
FRANÇOISE:	Moi, ce que je préfère, c'est l'expérience pratique, les stages, et la comptabilité, mais je n'aime pas trop le français. Je ne suis pas très bonne.
JANE:	Moi, ce que je trouve difficile, c'est toutes les études de cas qu'on doit faire.
FRANÇOISE:	Oui, vivement qu'on ait fini, et qu'on travaille vraiment!